Maria A. Rodríguez
C. Arroyo A. Tamayo
F. Rubio M. Dávila

Materiales compuestos de matriz vítrea en base a nanofibras de carbono

Maria A. Rodríguez
C. Arroyo A. Tamayo
F. Rubio M. Dávila

Materiales compuestos de matriz vítrea en base a nanofibras de carbono

Síntesis y caracterización

Editorial Académica Española

Imprint
Any brand names and product names mentioned in this book are subject to trademark, brand or patent protection and are trademarks or registered trademarks of their respective holders. The use of brand names, product names, common names, trade names, product descriptions etc. even without a particular marking in this work is in no way to be construed to mean that such names may be regarded as unrestricted in respect of trademark and brand protection legislation and could thus be used by anyone.

Cover image: www.ingimage.com

Publisher:
Editorial Académica Española
is a trademark of
Dodo Books Indian Ocean Ltd. and OmniScriptum S.R.L publishing group

120 High Road, East Finchley, London, N2 9ED, United Kingdom
Str. Armeneasca 28/1, office 1, Chisinau MD-2012, Republic of Moldova, Europe
Printed at: see last page
ISBN: 978-3-330-09953-1

SÍNTESIS Y CARACTERIZACIÓN DE MATERIALES COMPUESTOS DE MATRIZ VÍTREA EN BASE A NANOFIBRAS DE CARBONO (NFC).

Maria Ángeles Rodríguez González

Carmen Arroyo Gómez

Aitana Tamayo Hernando Fausto Rubio

Alonso

Maika Dávila Sánchez

JUSTIFICACIÓN Y OBJETIVOS

En los últimos años ha aumentado de forma importante, el interés en el desarrollo de nanofibras de carbono (NFC), destinadas a su aplicación en el sector industrial debido principalmente, a las excelentes propiedades que presentan.

En este sentido, se están llevando a cabo en muchos centros de investigación y laboratorios, investigaciones enfocadas a la modificación de las NFC para su utilización como refuerzo en materiales compuestos de matriz polimérica. El sector más interesado en esta aplicación es quizás, el del automóvil, puesto que este tipo de materiales aportaría valor añadido, al tratarse de materiales con propiedades mejoradas y menor peso, y todo ello supone un ahorro energético.

Sin embargo, son muy pocos los estudios que utilizan las NFC como refuerzo de matrices cerámicas, vítreas o metálicas, a causa de la degradación que sufren las NFC con temperaturas elevadas (la síntesis de algunos de ellos requiere fusión). La utilización de las NFC en la fabricación de materiales compuestos de matrices inorgánicas o metálicas induciría a la obtención de materiales con nuevas propiedades como por ejemplo, conductividad eléctrica, o bien transmisión del calor.

Por tanto, el objetivo principal de este Proyecto fin de carrera es investigar la posibilidad de obtención de materiales compuestos de matriz vítrea, en los cuales la fase reforzante es la nanofibra de carbono. Para conseguir este objetivo, se ha estudiado la influencia de diferentes factores que afectan de manera decisiva en el proceso de síntesis, como son la temperatura de obtención, tiempo de permanencia a la máxima temperatura, influencia de la concentración de NFC y la influencia del tamaño de partícula.

INDICE DE CONTENIDOS

1. INTRODUCCIÓN

1.1. Materiales compuestos

El término material compuesto (o composite) se refiere a un material formado por dos o más componentes, de manera que presenta propiedades superiores a las que presentan los componentes que lo forman por separado (Miravete, 2000). Dichos componentes son físicamente distinguibles, químicamente diferentes, inertes e insolubles entre sí, de tal manera que se forma una intercara que separa físicamente los componentes formadores del material compuesto.

Generalmente, los materiales compuestos se componen de dos fases químicamente diferentes, llamadas **matriz** y **refuerzo**. La matriz es la fase mayoritaria en el material, tiene carácter continuo, y es la fase responsable de la cohesión del material, ya que proporciona la unión y distribución del refuerzo; además, impide la propagación de grietas entre las partículas o fibras que componen el refuerzo. Las características químicas y algunas características físicas del material compuesto vienen dadas por la matriz. El refuerzo es una fase de carácter discreto que se encuentra embebida en el seno de la matriz, y es responsable de las propiedades mecánicas del material compuesto, así como de algunas propiedades físicas. Estas propiedades dependen, tanto de la naturaleza del refuerzo como de su geometría, refiriéndose ésta a la forma, tamaño, distribución y orientación de la misma en el seno de la matriz (Callister, 1996).

Los materiales compuestos se pueden clasificar en función del tipo de matriz, pudiéndose hacer referencia a materiales compuestos de base polimérica, vítrea, cerámica y metálica. Además, atendiendo a la fase reforzante, se puede establecer la clasificación que se presenta en la figura 1.1.

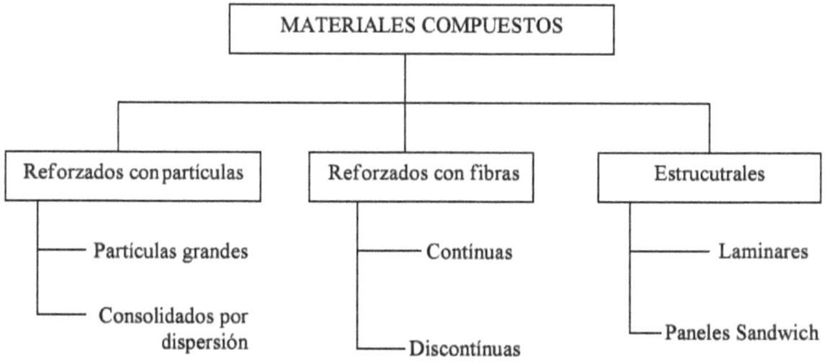

Figura 1.1. Clasificación de materiales compuestos en función del refuerzo.

1.1.1. *Matrices*

La función de la matriz es, ante todo, rellenar los espacios no ocupados por el refuerzo, pero también transmitir las cargas aplicadas, mantener el refuerzo en la dirección de los esfuerzos predominantes, separan las partículas o fibras para que actúe como elementos independientes, o proteger al refuerzo de daños estructurales y ataques corrosivos. En algunos casos, la matriz puede compartir el soporte de las cargas con el refuerzo, o completar las propiedades del mismo mejorando la elasticidad, evitando los impactos, etc. Todo ello exige una adecuada adherencia entre matriz y refuerzo, que muchas veces ha de ser mejorada, para lo que se recurre a la utilización de unos agentes intermedios llamados agentes de acoplamiento, y que actúan a través de la interfase proporcionando una unión química fuerte.

Dependiendo del tipo de material constituyente, las matrices se clasifican en poliméricas, metálicas, cerámicas y vítreas. El uso de una u otra viene condicionado por las temperaturas en que operarán los materiales fabricados. Así, cuando los materiales se van a utilizar en aplicaciones que requieren bajas temperaturas (hasta 250-300ºC), se eligen matrices polímericas, para aplicaciones que requieran temperaturas intermedias se emplean las matrices metálicas, y matrices cerámicas, cuando han de soportar temperaturas muy elevadas.

Las más utilizadas en el sector de los materiales compuestos son las orgánicas. En la actualidad, las matrices poliméricas pueden ser de tipo termoplástico o termoestable. Las primeras están constituidas por polímeros comunes (polietileno, polipropileno, poliestireno, policloruro de vinilo), que se refuerzan normalmente con fibras o partículas laminares de bajo coste (amianto, celulosa, mica, talco).

Respecto de las matrices cerámicas o vítreas, éstas son muy resistentes y térmicamente estables, pero inherentemente frágiles, lo cual supone siempre una gran desventaja. Por tanto, es necesario introducir ciertas cargas para aumentar su resistencia. Además, cabe esperar que no sólo se incremente la resistencia del material compuesto de matriz cerámica o vítrea, sino que también pueden ser mejoradas otras propiedades como la conductividad eléctrica o térmica, el coeficiente de expansión térmica o la resistencia al choque térmico.

1.1.2. *Refuerzos*

Los materiales empleados como refuerzo en materiales compuestos son materiales que presentan buenas propiedades mecánicas, como puede ser una elevada resistencia a la tensión o resistencia a fatiga. Por lo tanto, es el material de refuerzo el responsable de las propiedades mecánicas del material compuesto.

El papel de la intercara o interfase (unión entre refuerzo y matriz) es crucial en un material compuesto, ya sea éste reforzado por partículas, por fibras o estructural.

Aún teniendo en cuenta el papel de la interfase matriz - fase reforzante, es importante tener en cuenta algunos aspectos respecto al tipo de refuerzo en materiales compuestos. Dichos aspectos se relacionan con la geometría del refuerzo, así como con su distribución y concentración en la fase matriz.

1.1.2.1. Partículas

Los materiales compuestos reforzados **con partículas**, independientemente del tamaño de éstas, presentan propiedades isotrópicas, ya que las partículas pueden considerarse como materiales equiaxiales. Así, estos materiales compuestos presentan idénticas propiedades mecánicas independientemente de la dirección de aplicación del esfuerzo.

1.1.2.2. Fibras

Sin embargo, los materiales **reforzados con fibras** presentan propiedades altamente anisotrópicas. En este caso, las características de las fibras reforzantes, así como su distribución, son de gran importancia. La forma fibrilar de los materiales les confiere una elevada resistencia, derivada de la alta relación de aspecto (alta relación longitud – diámetro), que supone que la presencia de grietas en este tipo de materiales sea muy inferior a la que puede presentar un mismo material con una forma no fibrilar, es decir, con menor volumen específico. La longitud crítica de una fibra es un parámetro que está relacionado con la capacidad de refuerzo de un material fibrilar en función de su forma. La longitud crítica de una fibra es función de la resistencia de la fibra, del diámetro de la misma, y de la fuerza de adhesión con la matriz. Fibras que presentan longitudes muy superiores a la longitud crítica son fibras continuas, que pueden orientarse ordenadamente en la matriz y tienen carácter reforzante. Sin embargo, las fibras con longitudes inferiores a la longitud crítica no tienen capacidad de refuerzo en la matriz. Por otro lado, la orientación de las fibras en la matriz, ya sea paralela al eje de la fibra o bien distribuidas al azar en el seno de la matriz supone la obtención de materiales compuestos con propiedades anisotrópicas o no, respectivamente.

Ya que los refuerzos a base de fibras dan lugar a los materiales compuestos con mejores prestaciones, nos centraremos en estos tipos de refuerzos.

Según lo ya explicado, la orientación del refuerzo en el seno de la fase matriz se relaciona con la isotropía o no en las propiedades del material compuesto, así como la forma fibrilar del mismo supone una mayor resistencia. Aún teniendo en cuenta la geometría del refuerzo y orientación en la fase matriz, la naturaleza de la fase reforzante es también de vital importancia, pues las propiedades (mecánicas, eléctricas,…) del material compuesto son función de las que presenta el refuerzo.

Existen diferentes tipos de fibras que se emplean habitualmente como refuerzo en materiales compuestos. Las fibras más habituales son las fibras metálicas, cerámicas (carburo de silicio, alúmina), orgánicas (aramida, polietileno) e inorgánicas (carbono, vidrio, boro).

La elevada densidad que presentan las fibras metálicas hace que los materiales compuestos reforzados con fibras metálicas sean demasiado pesados. Además, presentan un alto coste, y son generalmente más caras que las fibras de vidrio. Ambas presentan muy buenas propiedades mecánicas, por lo que estas últimas se emplean en mayor número de aplicaciones.

En el campo de las fibras orgánicas, las fibras **de aramida** son las más empleadas actualmente, aunque su uso es relativamente nuevo. Las buenas propiedades de rigidez y resistencia se deben a los radicales aromáticos que poseen en su estructura, y al hecho de la completa alineación de las cadenas de polímero que las componen. Entre sus buenas propiedades se destaca una elevada resistencia específica a tracción, buena estabilidad mecánica y química, alto módulo de elasticidad y gran resistencia al impacto y tenacidad. Sin embargo, presentan una baja resistencia a compresión y flexión.

Las fibras de carácter **cerámico**, como son las fibras de boro y carburo de silicio presentan muy buenas propiedades mecánicas, como una elevada resistencia o un alto módulo de elasticidad. Además, las fibras de carburo de silicio presentan una alta temperatura en servicio, de 1200 °C. Estas fibras se combinan con matrices metálicas de aluminio y titanio o bien, con matrices epoxídicas. Derivadas de las excelentes propiedades mecánicas a alta temperatura que presentan, sus principales aplicaciones consisten en formar parte de materiales sometidos a altas temperaturas y elevados esfuerzos mecánicos. Sin embargo, el alto coste de fabricación de las fibras cerámicas (principalmente las de boro), limita sus aplicaciones a campos muy concretos, como la aeronáutica, o la industria militar y aeroespacial.

Las **fibras de vidrio** constituyen el refuerzo más utilizado a lo largo de la historia en el campo de los materiales compuestos, por lo que son materiales de refuerzo ampliamente estudiados y conocidos. Sus buenas características mecánicas y su producción a bajo coste motivan que aún en la actualidad sean las fibras de vidrio los refuerzos más empleados en materiales compuestos a nivel industrial. Debido a su amplio uso a lo largo de la historia, se comentan aquí algunos de los aspectos más importantes sobre las fibras de vidrio.

Su fabricación se basa principalmente en la fusión de la mezcla de las materias primas haciéndose pasar posteriormente por la hilera y siendo sometido a una operación de estirado. Las principales características de la fibra de vidrio son (Miravete, 2000):

• Excelente adherencia fibra-matriz, gracias a recubrimientos apropiados para la mayoría de las matrices orgánicas.

• Resistencia mecánica, siendo su resistencia específica (tracción/densidad) superior a la del acero.

• Buenas propiedades dieléctricas.

• Es incombustible. No propaga la llama ni origina con el calor, humos ni toxicidad.

• Presenta estabilidad dimensional, puesto que tiene un bajo coeficiente de dilatación.

• Es compatible con materias orgánicas y su aptitud para recibir diferentes ensimajes creando un puente de unión entre el vidrio y la matriz le confiere 13 la posibilidad de asociarse a numerosas resinas sintéticas, así como a matrices minerales tales como yeso y cemento.

• No es biodegradable

• Débil conductividad térmica

• Excesiva Flexibilidad

• Bajo coste

Existen diferentes tipos de fibra de vidrio, que se encuentran recogidas en tablas junto con las características principales de cada una de ellas (Miravete, 2000).

Sea cual sea el tipo de fibra utilizada, en el comportamiento del material final influyen de manera decisiva los parámetros microestructurales de la misma (diámetro de la fibra, longitud, orientación o concentración).

Cuanto menor es el diámetro de la fibra, mejores serán sus propiedades reforzantes. En orden decreciente del diámetro, las fibras se agrupan en tres categorías diferentes: alambres, fibras y whiskers. Los **alambres** tienen diámetros relativamente grandes, los más típicos son el acero, el molibdeno y el wolframio. Estos alambres se utilizan como refuerzos radicales de acero en los neumáticos de automóvil, filamentos internos de los recubrimientos de cohetes espaciales y en las paredes de mangueras de alta presión. Los materiales clasificados como **fibras** son policristalinos o amorfos y tienen también diámetros muy pequeños. Generalmente se trata de polímeros o cerámicos (aramida, vidrio, carbono, boro, óxido de aluminio y carburo de silicio). Por razones económicas son las más empleadas. Finalmente los **whiskers** son monocristales muy delgados que tienen una relación longitud-diámetro muy grande. Como consecuencia de su pequeño diámetro, tienen alto grado de perfección cristalina y están prácticamente libres de defectos, por lo que tienen resistencias excepcionalmente elevadas. A pesar de ser los materiales de mayor resistencia, se utilizan poco como refuerzos porque son muy caros, a no ser que se quieran materiales de alta tecnología donde las prestaciones que se van a obtener compensen el alto coste. Estos whiskers pueden ser de grafito, de carburo de silicio, nitruro de silicio y óxido de aluminio.

En cuanto a la longitud de la fibra, existe un valor crítico de la misma para la cual la resistencia y rigidez es máxima. Esta longitud crítica (lc) depende del diámetro de la fibra (d), de la resistencia a la tracción (σf) y de la resistencia de la unión fibra-matriz, es decir, de la resistencia a la cizalladura de la matriz (τc) de acuerdo con la ecuación [1.1]:

$$Lc = \sigma f \cdot d / \tau c \tag{1.1}$$

Cuando se aplica un esfuerzo dado (σf) a una fibra que tiene una longitud igual a la crítica, sólo se consigue la carga máxima en el centro del eje de la fibra (figura 1.2 a). Si la longitud de la fibra se incrementa, el refuerzo se hace más efectivo (figura 1.2 b), mientras que para fibras con longitud menor que la crítica, la fibra no soporta la carga aplicada. En estos casos, la matriz se deforma alrededor de la fibra y no existe transferencia del esfuerzo. Como consecuencia el esfuerzo de la misma es insignificante (figura 1.2 c).

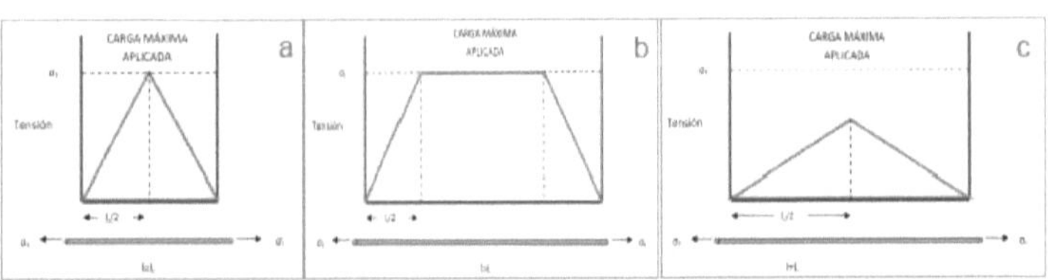

Figura 1.2. Influencia de la longitud de una fibra sobre el grado de reforzamiento del composite. (a) Longitud de la fibra igual a la crítica, (b) superior a la crítica e (c) inferior a la crítica.

Con respecto a la orientación, existen dos situaciones extremas que dependen fundamentalmente de la longitud. Las fibras largas o continuas, que tienen una longitud al menos 15 veces mayor que la crítica, normalmente se alinean paralelamente al eje longitudinal de la fibra, mientras que las fibras cortas o discontinuas, pueden alinearse o bien orientarse al azar (figura 1.3).

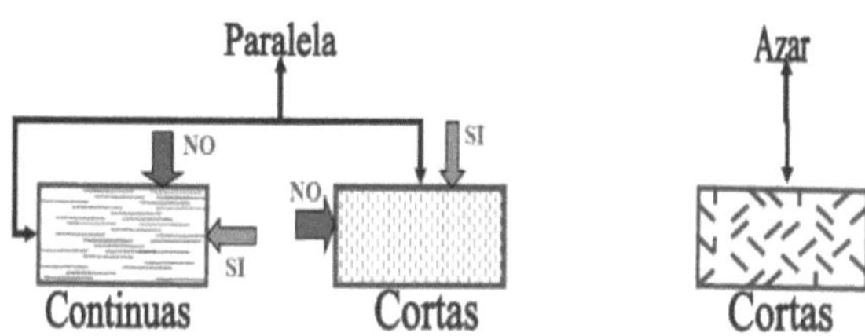

Figura 1.3. Orientación de las fibras reforzantes en función de su longitud.

Los materiales con fibras alineadas son anisotrópicos, es decir, que la máxima resistencia o reforzamiento se consigue a lo largo de la dirección de alineación (longitudinal). En la dirección transversal, podemos afirmar que el refuerzo con fibras no existe pues la rotura tiene lugar a esfuerzos relativamente pequeños. En otras direcciones, la resistencia a los esfuerzos aplicados son intermedios entre estos extremos. Por eso, cuando una lámina debe estar sometida a esfuerzos multidireccionales, suelen utilizarse varias capas yuxtapuestas con fibras alineadas en distintas direcciones. Estos materiales se llaman materiales compuestos estructurales o laminares.

Otro tipo de fibras ampliamente utilizado en la fabricación de los materiales compuestos son las **fibras de carbono.** Entre sus principales propiedades hay que destacar su elevada resistencia a fatiga, rigidez, bajo coeficiente de expansión térmica, resistencia a la corrosión, elevada conductividad eléctrica, etc. Además, presentan baja densidad, lo que se traduce en unas elevadas propiedades mecánicas específicas. Como es deducible teniendo en cuenta sus propiedades, las fibras de carbono embebidas en matrices poliméricas tienen su principal aplicación como elementos estructurales sometidos a fatiga.

Las fibras de carbono que más se fabrican, son las fibras de carbono fabricadas a partir de poliacrilonitrilo (PAN) las más habituales.

Sin embargo, en ocasiones es posible realizar modificaciones superficiales con óxidos de boro o carburos de silicio, de tal manera que se incremente su resistencia a la temperatura y a la oxidación. Además, se han realizado también modificaciones superficiales por plasma, tratamientos oxidativos o agentes de acoplamiento con el fin de obtener mejoras en la adherencia de estas fibras de carbono con la matriz.

En las últimas décadas se ha experimentado un interés creciente por los materiales con refuerzo nanométrico, ya que debido a las dimensiones del refuerzo, se puede reforzar un material con una cantidad de carga muy pequeña. Entre los refuerzos nanométricos más Interesantes se encuentran los **nanotubos y nanofibras de carbono** (NTC y NFC respectivamente).

Estos materiales (NTC y NFC), constituidos fundamentalmente por capas de grafeno, presentan extraordinarias propiedades, entre las que cabe destacar las mecánicas, eléctricas o térmicas. Además, dichos materiales presentan una densidad muy baja, de manera que algunas de sus propiedades específicas se encuentran a la cabeza entre todos los materiales conocidos. Así, el empleo de NTC o NFC como refuerzo de materiales compuestos de todo tipo de matrices es una aplicación realmente prometedora, como demuestra el enorme interés científico y tecnológico mostrado en los últimos años. En este sentido, aunque las propiedades de las NFC son inferiores a las que presentan generalmente los NTC, su precio es mucho más bajo, debido a que la producción de NFC se ha podido llevar a escala industrial. Este es el motivo de que la NFC represente una gran apuesta de futuro para el refuerzo de materiales compuestos con una elevada relación calidad/precio. No obstante, numerosos estudios llevados a cabo han demostrado que hay varios aspectos clave que deben ser tenidos en cuenta al reforzar un material con NFC o NTC.

Uno de los aspectos a tener en cuenta es que el refuerzo debe estar correctamente disperso en el seno de la matriz y, el otro aspecto es que se debe conseguir una interfase nanorrefuerzo-matriz robusta, para que se pueda transmitir el esfuerzo mecánico de una forma correcta. En este sentido, NTC y NFC han mostrado una elevada tendencia a aglomerarse, debido a las fuerzas de van der Waals atractivas entre los planos de grafeno. Además, generalmente, la interacción con la matriz no es buena de modo que no se consiguen las propiedades deseadas en el material final.

Para poder solventar estos inconvenientes es necesaria la modificación superficial de dichos nanomateriales de carbono. Esta modificación puede mejorar a la vez tanto la dispersión del nanorrefuerzo en la matriz como la interacción entre ambas fases.

1.1.3. Importancia de la dispersión de la fase reforzante y la interfase en el material compuesto

Las buenas propiedades y características que presente un material compuesto se deben a las propiedades que presente la fase matriz y la fase reforzante. La fase reforzante es la responsable de buena parte de las propiedades que presenta el material compuesto, entre ellas las propiedades mecánicas y eléctricas.

Sin embargo, para que un material compuesto muestre en servicio unas excelentes propiedades, la simple combinación de la matriz y la fase reforzante adecuadas no es suficiente. Al menos, deben satisfacerse dos requisitos para que las propiedades de fase reforzante y matriz deriven en un material compuesto de propiedades mejoradas.

En primer lugar, la fase reforzante debe estar homogéneamente dispersa en el seno de la matriz y, por otro lado, debe formarse una interfase adecuada entre matriz y refuerzo.

En el caso de materiales como NTC y NFC estos requisitos son de difícil consecución pues, tal y como se ha descrito en el apartado primero de esta memoria, su estructura y características incrementan la tendencia a la formación de aglomerados, que dificultan ampliamente una dispersión adecuada de NFC en la matriz polimérica.

La dispersión del refuerzo en la matriz es un problema que ha sido motivo de diversos estudios e investigaciones en la comunidad científica. Se han desarrollado diversas modificaciones superficiales y tratamientos en las fases reforzantes con el objetivo de mejorar la compatibilidad refuerzo-matriz. Los principales métodos de modificación se han descrito ya anteriormente.

El problema de la interfase es también de gran importancia. Las diferentes características químicas entre las resinas poliméricas y NTC y NFC hacen que exista una baja compatibilidad entre ambas, de tal manera que la interfase que se forma no presenta las características adecuadas. Para que la interfase sea capaz de transmitir eficazmente los esfuerzos desde la matriz a las fibras, sin propagación de grietas ni creación de discontinuidades en el material, es necesario que sea una interfase robusta y flexible. Se han centrado muchas investigaciones en el estudio de la interfase que se forma entre matriz y refuerzo en un material compuesto, y también se han desarrollado tratamientos superficiales en los refuerzos destinados a la mejora de las características de esta interfase. Últimamente parece que en el caso de NTC y NFC son los tratamientos con agentes de acoplamiento de tipo silano los más empleados.

1.1.4. Propiedades y aplicaciones de los materiales compuestos

La necesidad de obtener materiales que reunieran propiedades características de diferentes materiales como metales, cerámicas, vidrios y polímeros fue uno de los motores de impulso en el desarrollo de los materiales compuestos. Así, uno de los requisitos que debe cumplir un material para que se considere un material compuesto es que presente sinergia en sus propiedades respecto a las que poseen los componentes por separado; es decir, que las propiedades del material compuesto sean superiores a las de los componentes.

Las propiedades que presenta un material compuesto dependen de las propiedades de la fase matriz, de las de la fase reforzante, y del grado de adhesión de la interfase matriz-refuerzo. Las características del refuerzo tienen mucha influencia en las propiedades finales del material compuesto. Así, fases reforzantes que presenten buenas propiedades mecánicas, como alta resistencia a tensión, alta resistencia a la fatiga, alto módulo elástico, etc. suponen la obtención de materiales compuestos con dichas propiedades. En este punto hay que destacar, sin duda, que esta mejora de las propiedades mecánicas del material compuesto como consecuencia del refuerzo de la matriz con una fase reforzante de buenas propiedades mecánicas ocurre siempre y cuando la interfase que se forme entre ambas sea robusta, flexible y efectiva en la transmisión de esfuerzos desde la matriz a la fibra. Además, una buena dispersión de la fase reforzante en el seno de la matriz resulta también indispensable.

En el caso de materiales compuestos de base polimérica, se destacan unas altas propiedades mecánicas del mismo con una baja densidad; es decir, muy altas propiedades mecánicas específicas. Generalmente, se habla de materiales con alta resistencia y alto módulo específicos.

Además de propiedades mecánicas, los diferentes refuerzos pueden aportar al material compuesto final buenas propiedades eléctricas, de resistencia al fuego, o a agentes químicos y corrosivos. Una ventaja muy importante de los materiales compuestos es que se pueden obtener piezas de los mismos de muy diferentes tamaños y formas, sin ser necesarios procesos de ensamblado y remachado como, por ejemplo, en el caso de los metales.

Esta gran gama de propiedades que presentan los materiales compuestos les hace materiales muy útiles en un gran campo de aplicaciones. Por ejemplo, las bajas densidades que suelen presentar los materiales compuestos de base polimérica suponen la obtención de piezas muy ligeras, lo que incrementa sus posibles aplicaciones en el ámbito de los transportes y de la industria aeroespacial, donde una disminución de peso en la estructura sin disminución de propiedades mecánicas supone una gran ventaja.

En general, las propiedades ya descritas de los materiales compuestos suponen ciertas ventajas a la hora de su empleo en ciertos sectores en sustitución, por ejemplo, de metales. Entre estas ventajas, hay que destacar que los materiales compuestos de base polimérica pueden suponer un incremento de la vida útil de las piezas finales, ya que estos materiales compuestos presentan una alta resistencia a la corrosión y a la fatiga. Además, la resistencia al fuego supone un aumento en la seguridad. Finalmente, una ventaja muy importante a destacar es la economía. El bajo peso de las piezas permite ahorro en combustible. Por otro lado, los materiales compuestos no son susceptibles de reparaciones, las piezas dañadas o estropeadas se sustituyen.

Según las propiedades y ventajas que presentan los materiales compuestos, es fácil comprender que sus principales aplicaciones estén centradas en el campo de los transportes y de la industria aeroespacial. Aunque, sin embargo, hay muchos otros campos donde se emplean ya materiales compuestos, o bien éstos tienen futuras aplicaciones. Entre los mismos se encuentra la electrónica, la biología y la biomedicina, las energías renovables, la catálisis, etc.

1.2. Nanofibras de carbono

1.2.1 Antecedentes históricos

Los materiales de carbono de estructura fibrilar se conocen desde finales del siglo XIX, siendo Hugues y Chambers (Hugues, Chambers, 1889) quienes, en 1889, patentaron en EE.UU. un método de síntesis de filamentos de carbono. La siguiente referencia data de 1952, cuando Radushkevich y Lukyanovich (Radushkevich, Lukyanovich, 1952) observaron NFCs individuales mediante TEM. En 1953, Davis, Slawson y Rigby (Davis et al., 1953) estudiaron un depósito de carbono que se producía sobre los ladrillos de los altos hornos. Comprobaron que se trataba de nanofilamentos de carbono de estructura helicoidal. En 1958 Hillert y Lang (Hillert, Lang, 1958) obtuvieron NFC con diámetros de 10-100 nm utilizando substratos cerámicos y de hierro en un tubo de cuarzo. En 1972 Koyama (Koyama, 1972) sintetizó a partir de benceno fibras de carbono de 3-80 µm de diámetro y longitud de hasta 25 cm.

En la década de los 70 se propusieron de forma casi simultánea dos mecanismos de crecimiento de filamentos de carbono. El primer mecanismo fue de

Baker y col. (Baker et al., 1972) en 1972 (figura 1.4). Dicho método estaba basado en la difusión de carbono a través de partículas catalíticas metálicas. El crecimiento se detiene cuando la partícula catalítica queda recubierta (envenenada) por un exceso de carbono.

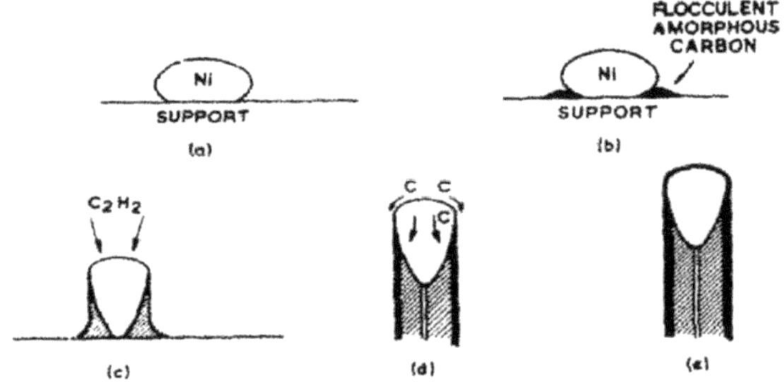

Figura 1.4. Modelo de crecimiento de filamentos de carbono sobre partículas metálicas propuesto por Baker y col. (R. T. K. Baker et al., 1972).

En 1976 Oberlin y col. (Oberlin et al., 1976) propusieron un modelo de crecimiento de los filamentos de carbono, el cual se muestra en la figura 1.5, el cual está basado en el transporte de carbono alrededor de la partícula metálica, en vez de a través de esta, como había propuesto antes Baker. Dicho modelo también explica el engrosamiento que pueden sufrir los filamentos de carbono debido a la deposición de carbono de origen pirolítico.

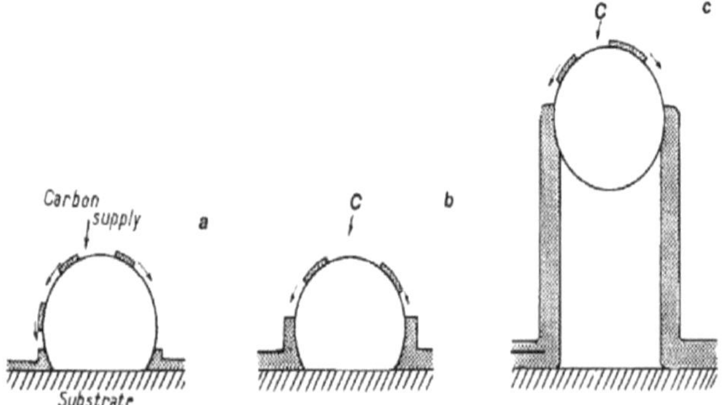

Figura 1.5. Modelo de crecimiento de filamentos de carbono sobre partículas metálicas propuesto por Oberlin y col. (A. Oberlin et al., 1976).

Es interesante destacar que ambos mecanismos explican que la partícula metálica quede atrapada en los extremos de los filamentos de carbono, como ya había sido observado mediante microscopía electrónica de transmisión (TEM). Además, estos mecanismos también explican la estrecha relación que existe entre el tamaño de la partícula catalítica y el diámetro del nanofilamento de carbono formado (Sinnott et al., 1999).

Posteriormente, en 1985, los grupos de Smalley y Kroto (Kroto et al., 1985) descubrieron el fullereno. Finalmente, en 1991 Iijima (Iijima, 1991) descubrió los nanotubos de carbono de pared múltiple (*MWCNTs, multi-wall carbon nanotubes*) en un intento de producir fullerenos dopados con metales.

A partir de este momento se generó un enorme interés en este nuevo tipo de materiales carbonosos. Prueba de ello es que se consiguió sintetizar por primera vez nanotubos de pared simple (*SWCNTs, single-wall carbon nanotubes*) tan sólo dos años después por el propio Iijima (Iijima, 1993). En las últimas dos décadas el número de publicaciones a cerca de este tipo de materiales ha experimentado un rápido aumento (Moniruzzaman, Winey, 2006), como se puede ver en la figura 1.6.

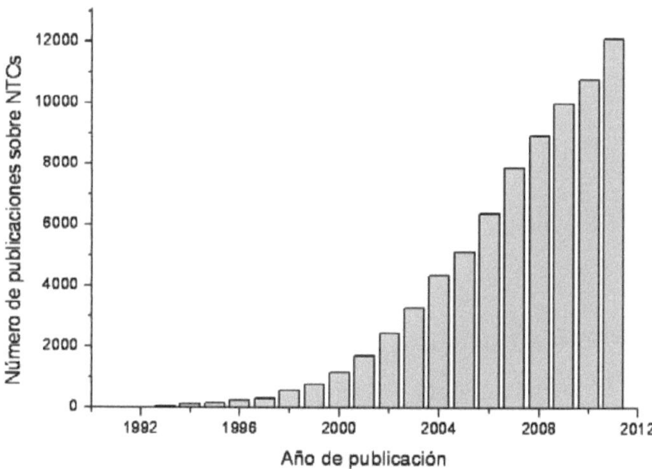

Figura 1.6. Publicaciones al año sobre nanotubos de carbono (NTC) desde su descubrimiento (Web of Knowledge).

A partir de 1985 se han descubierto nuevas formas alotrópicas de carbono, basadas todas ellas en el grafeno. El grafito se compone de láminas de carbono hexagonal (planos basales o láminas de grafeno) en hibridación sp^2 separadas entre sí una distancia de 0.34 nm y unidas entre sí mediante fuerzas de van der Waals.

Como se puede ver en la figura 5 tanto los fullerenos como los nanotubos de carbono (NTC) se pueden formar a partir de una lámina de grafeno. La estructura 2D de grafeno origina estructuras como fullerenos (0D), NTC (1D) o grafito (3D). La capa plana de grafeno está formada por átomos de carbono con hibridación sp^2, que se mantiene en la estructura de grafito. Sin embargo, los fullerenos presentan una hibridación sp^x (2<x<3), siendo, por ejemplo, sp^2 la hibridación correspondiente para el fullereno C_{60} (Marbán, Ania, 2008).

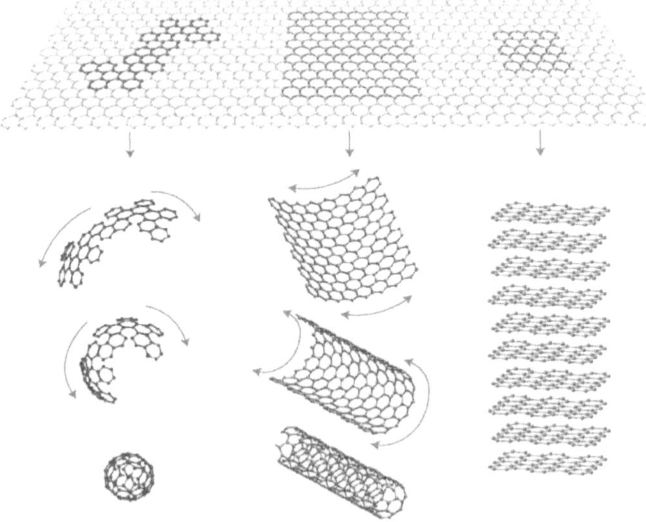

Figura 1.7. Estructuras de fullereno (0D), NTC (1D) y grafito (3D) obtenidas conceptualmente a partir de una capa de grafeno (2D) (A. K. Geim, K. S. Novoselov, 2007).

La estructura de los NTC se puede entender como el enrollamiento de una capa de grafeno (SWCNTs) o de varias capas concéntricas (MWCNTs). La orientación de esta capa respecto al eje principal del NTC determina su comportamiento electrónico, que puede ser tipo metálico o semiconductor (P. Avouris, 2001). Además, los NTC pueden estar abiertos en sus extremos o cerrados. En alguno de los extremos es habitual encontrar una partícula metálica del catalizador, cuyo tamaño se cree que está directamente relacionado con el diámetro del NTC correspondiente (Sinnott et al., 1940), aunque hay algunos trabajos con resultados no concluyentes en este sentido (Moodley et al., 2009). Los SWCNTs presentan diámetros de tan sólo 0.3-2.0 nm con longitudes que pueden superar los 200 nm (Kang et al., 2006). En el caso de los MWCNTs su diámetro oscila mucho, ya que depende del número de capas que lo forman, pudiendo llegar a 50. De esta forma, hay MWCNTs con un diámetro externo desde tan sólo 5.5 nm hasta 100 nm, mientras que su longitud puede alcanzar 50 µm (Kang et al., 2006). La distancia entre capas de grafeno en un MWCNT es de 0.34 nm, equivalente a la distancia que separa las láminas de grafeno en el grafito (Dresselhaus, 2001 y Endo 2001). En la figura 1.8 se muestran diferentes imágenes obtenidas por Iijima mediante TEM de alta resolución (*HRTEM, high resolution transmission electron microscopy*) de diferentes MWCNTs.

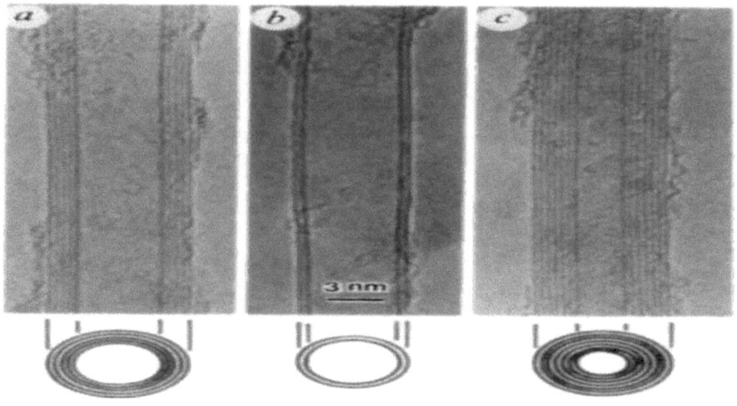

Figura 1.8. Microfotografías obtenidas por HRTEM de MWCNT formado por 5 capas de grafeno: 6.7 nm de diámetro (a), por 2 capas de grafeno: 5.5 nm de diámetro (b) y por 7 capas de grafeno 6.5 nm de diámetro con un diámetro interno de 2.2 nm (c) (S. Iijima, 1991).

Respecto a la NFC, su estructura puede ser variada. Las NFC son nanofilamentos de carbono formados por capas de grafeno como los NTC. En estos nanofilamentos de carbono el diámetro puede superar los 100 nm y la longitud puede alcanzar 100 μm (Kang et al., 2006). Se pueden clasificar en función de la orientación de estos planos de grafeno respecto al eje principal de la NFC, como se muestra en la figura 1.9:

- <u>NFC de tipo "*platelet*"</u>: Los planos de grafeno se encuentran orientados perpendicularmente al eje de crecimiento de la NFC (figura 1.9 c). Normalmente la partícula catalítica está en el centro de la NFC, indicando un crecimiento bidireccional. El diámetro habitual es de unos 100 nm y tiene una cantidad importante de hidrógeno u otros átomos diferentes de carbono, necesarios para estabilizar los bordes de los planos de grafeno. Este tipo de fibra también puede encontrarse enrollada helicoidalmente sobre sí misma (figura 1.9).

- <u>NFC de tipo "*fishbone*" o "*herringbone*"</u>: Los planos de grafito se encuentran apilados de forma oblicua respecto al eje de crecimiento de la NFC. Los bordes de los planos de grafeno hay hidrógeno u otros elementos diferentes al carbono necesarios para estabilizar el borde de estos planos de grafeno. Este tipo de NFC puede ser sólida o hueca (figura 1.9 e y f). En las NFC tipo "*fishbone*" huecas la partícula catalítica suele quedar en un extremo de la estructura, indicando un crecimiento monodireccional, mientras que las sólidas suelen contener la partícula catalítica en el interior, indicando un crecimiento bidireccional.

- <u>NFC de tipo "*ribbon*"</u>: Los planos de grafeno son paralelos al eje de crecimiento de la NFC (figura 1.9 g). Debido a esta orientación las microfotografías de TEM de las NFC tipo "*ribbon*" y de los MWCNT pueden llegar a confundirse. La partícula catalítica se encuentra en el interior de la estructura, indicando un crecimiento bidireccional.

- <u>NFC de tipo "*stacked cup*"</u>: En este caso una lámina de grafeno se enrolla helicoidalmente a lo largo del eje de crecimiento de la NFC (figura 1.9 h). Este tipo de enrollamiento origina un canal hueco en el interior de la NFC que siempre tiene sección circular. Las microfotografías de TEM de este tipo de NFC pueden ser confundidas con las NFC de tipo "*fishbone*".

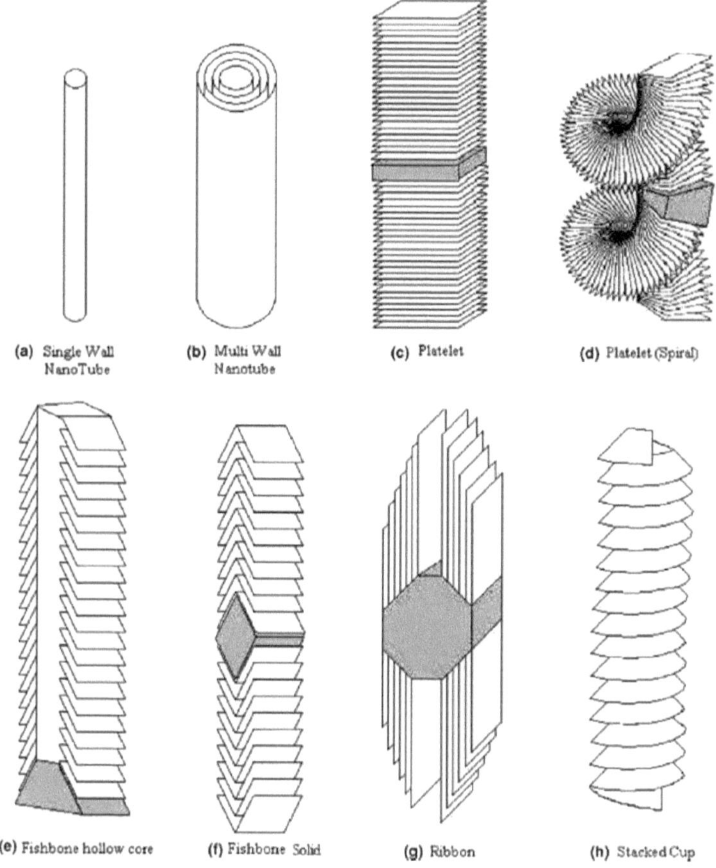

Figura 1.9. Diferentes nanofilamentos de carbono formados por láminas de grafeno. SWCNT (a), MWCNT (b), NFC de tipo "platelet" (c y d), de tipo "fishbone" (e y f), de tipo "ribbon" (g) y de tipo "stacked cup" (h).

Además de estos tipos de NFC existe otro tipo de nanofilamento a comentar. Cuando alguna de las estructuras anteriormente mencionadas (NTC o NFC) sufre un engrosamiento de su diámetro mediante un proceso no catalítico de deposición de carbono, hablamos de NFC de tipo "*thickened*". Si la fibra resultante tiene un diámetro superior a 500 µm, se denomina "*vapor-grown carbon fiber*" (VGCF), mientras que si el diámetro resultante es inferior de este valor se denomina "*vaporgrownm carbon nanofiber*" (VGCNF), "*sub-micron carbon fibers*" (s-VGCF), o simplemente NFC. Generalmente se trata de evitar la deposición de carbono amorfo en la superficie de los diferentes nanofilamentos de carbono que puede ocurrir en el proceso de síntesis. Así, los NTC que han sufrido un engrosamiento de carbono pirolítico se consideran como NFC.

En todas estas estructuras es habitual encontrar determinados defectos. En la figura 8 se muestran los defectos más habituales en un NTC (Hirsch, 2002). Estos defectos incluyen anillos de cinco y siete miembros en lugar de los correspondientes de seis, que ocasionan un codo en el NTC (figura 1.10 a), o diferentes funcionalizaciones en la pared del NTC de manera que aparecen carbonos con hibridación sp3, sin romperse la capa de grafeno (figura 1.10 b) o con rotura de la misma (figura 1.10 c). Estos defectos en forma de grupos funcionales son más habituales en los extremos del NTC (figura 1.10 d).

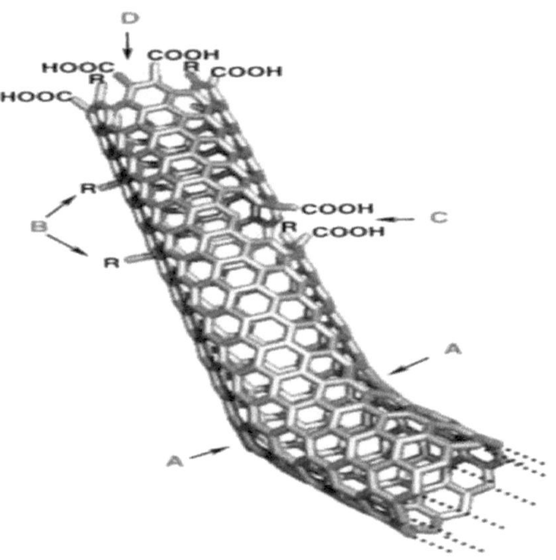

Figura 1.10. Diferentes defectos presentes de forma habitual en NTC: anillos de cinco y siete miembros (a), carbonos con hibridación sp^3 en la pared del NTC (b), rotura en la pared del NTC formándose grupos carboxilo (c) o grupos carboxilo en el extremo del NTC (d) (Hirsch, 2002).

Los grupos funcionales que aparecen con más frecuencia en este tipo de estructuras son grupos oxigenados.

1.2.3 Métodos de síntesis

Los diferentes tipos de nanofilamentos de carbono se producen de una forma muy similar a partir de la descomposición catalítica de hidrocarburos, siendo las partículas catalíticas más habituales los metales de transición Fe, Co y Ni (Germán Morales Antigüedad, 2008 y Yates, Baker, 1986).

Aunque se llevan investigando diferentes métodos de obtención desde hace más de treinta años (Baker, 1986 y Hammer, 1974) fue el descubrimiento de los NTC por Iijima (Iijima, 1991) en 1991 el hecho que impulsó definitivamente la investigación en este campo.

Actualmente son tres los métodos más utilizados: descarga en arco eléctrico, ablación láser y deposición química en fase vapor (*CVD, chemical vapor deposition*). De estos métodos, el de ablación láser fue desarrollado por Smalley y col. (Guo et al., 1995) en 1995 y los otros dos han sufrido importantes mejoras posteriores al descubrimiento de los NTC en 1991.

- <u>Descarga en arco eléctrico</u>: Esta técnica se basa en la sublimación de átomos de un electrodo de grafito que se depositan en el otro formando nuevas estructuras carbonosas. La energía necesaria para la sublimación de estos átomos de carbono se suministra mediante una descarga eléctrica de 50-100 A, con una diferencia de potencial de 20 V entre los dos electrodos de grafito, que se encuentran a una distancia de 1 mm. El proceso se lleva a cabo en atmósfera de He o Ar a 50-700 mbar de presión. Así se han obtenido tanto SWCNTs como SWCNTs.

- <u>Ablación láser</u>: Este método fue desarrollado por Smalley y col. en 1995 (Guo et al., 1995) utilizando un láser pulsado de gran intensidad proyectado sobre un sustrato de grafito dopado con Ni y Co. Dicho sustrato se encuentra en un horno a 1200 ºC y, durante la ablación láser, se pasa una corriente de gas inerte de He o Ar que arrastra las diferentes formas de carbono condensadas a un dedo frío, donde se recogen. Mediante este método se pueden obtener de manera diferenciada SWCNTs y MWCNTs, en función de la presencia o ausencia de catalizador metálico, respectivamente.

- <u>Deposición química en fase vapor (CVD)</u>: Este método consiste en el calentamiento de las partículas catalíticas en un horno mientras se pasa una corriente de gas que contiene la fuente de carbono en forma de hidrocarburos. Los parámetros clave del sistema de CVD son los catalizadores, los hidrocarburos y la temperatura del reactor. Mediante este método se han obtenido fibras de carbono, NFC y NTC desde hace más de dos décadas y continúa siendo utilizando (Baker, 1978 y He, 2011). En la obtención de NTC se emplean gases como metano, monóxido de carbono o acetileno a 1050-1100 ºC. Este proceso se puede dividir en dos etapas, la preparación del catalizador y el crecimiento de los filamentos de carbono. La preparación de los catalizadores se puede realizar de distintas formas según la figura 1.11. Posteriormente se reduce el metal a estado fundamental mediante corriente de H_2. A continuación, se introducen en el reactor los hidrocarburos necesarios para que comience la etapa de crecimiento de los filamentos carbonosos.

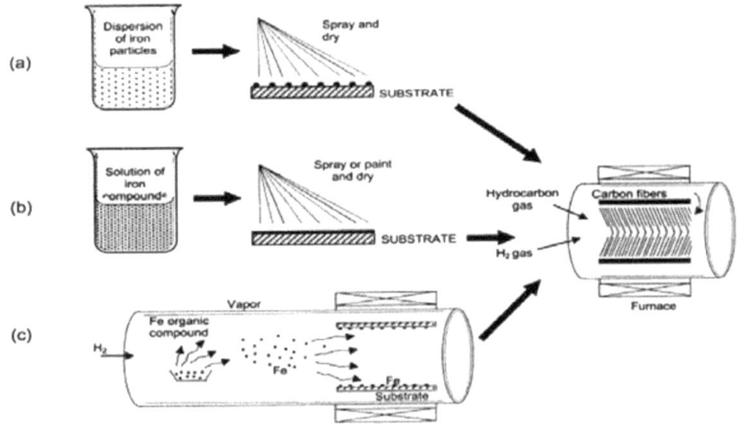

Figura 1.11. Diferentes formas de depositar el catalizador en un reactor de obtención de nanofilamentos de carbono mediante CVD con sustrato fijo.

El método que se ha descrito es la obtención de nanofilamentos de carbono por CVD sobre un sustrato fijo, pero hay una interesante variación denominada la técnica del catalizador (o semilla) flotante (Figura 1.12). Trabajando con sustrato fijo el proceso es discontinuo, mientras que la técnica del catalizador flotante permite trabajar en continuo, obteniendo mayor cantidad de producto por unidad de tiempo y abaratando por tanto los costes del material final. Con la técnica del catalizador flotante se introducen en el reactor ya caliente a la temperatura deseada las semillas del catalizador y la mezcla de gases (H_2 e hidrocarburos) de manera continua. De esta forma, se recogen de forma continua los nanofilamentos formados.

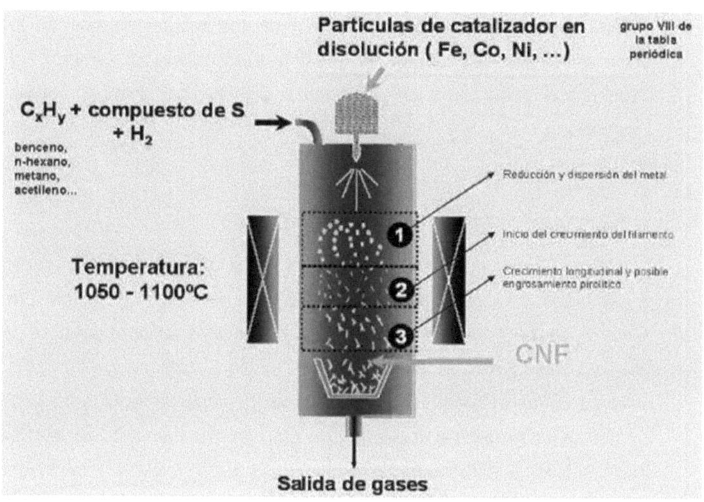

Figura 1.12. Esquema de un reactor de obtención de nanofilamentos de carbono mediante CVD utilizando la técnica del catalizador flotante.

En el proceso de obtención de NFC mediante la técnica del catalizador flotante es posible que se formen nanofilamentos secundarios si el tiempo de residencia o la cantidad de catalizador no se han optimizado de forma precisa (figura 1.13) (Masuda et al., 1993).

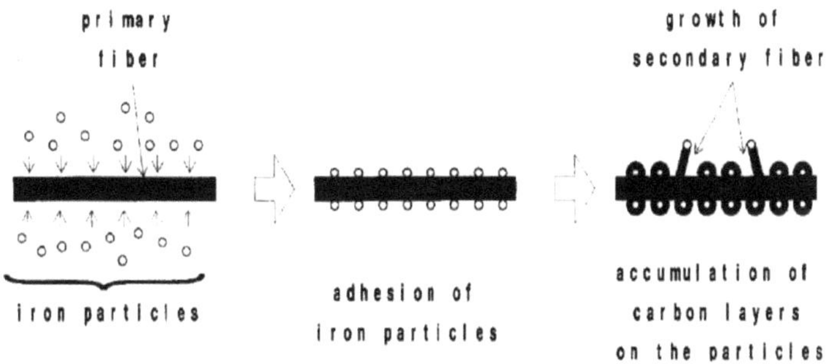

Figura 1.13. Esquema de formación de nanofilamentos de carbono secundarios (Masuda et al., 1993).

23

Este proceso favorece la aparición de los nanofilamentos en agregados en forma de ovillos, por lo que en ocasiones es necesario someter a la muestra a tratamientos posteriores de molienda o cizalla para disminuir el tamaño de los agregados.

1.2.4 Propiedades y aplicaciones

El gran interés que han atraído estos materiales es debido a sus excepcionales propiedades. Los NTC son el material más resistente y flexible que se conoce hasta el ahora, debido a su estructura de enlaces carbono-carbono sp^2 formando una red hexagonal perfecta. Los NTC y NFC pueden presentar conductividad eléctrica como un metal o como un semiconductor, en función de la orientación de los planos de grafeno o según la dirección de enrollamiento de la capa de grafeno sobre sí misma (Dresselhaus et al., 2001). En la tabla 1.1 se muestran algunas propiedades de NFCs, MWCNTs, SWCNTs y fibra de carbono (FC).

Tabla 1.1. Propiedades de SWCNTs, MWCNTs, NFC y fibra de carbono (FC).

Material	D (nm)	L (µm)	L/d	d (g/cm^3)	Cond. térmica (W/mK)	Resist. eléctrica (Ω cm)	Resist. tracción (Gpa)	Módulo elástico (Gpa)	Ref.
NFC	50-200	50-100	250-2000	2	1950	10^{-4}	2.92	240	17, 34
MWCNT	5-50	1-50	10^2-10^4	1.75	$3 \cdot 10^3$-$6 \cdot 10^3$	$2 \cdot 10^{-3}$-10^{-4}	10-60	1000	17, 34
SWCNT	0.6-1.8	0.2	10^2-10^4	1.3	$3 \cdot 10^3$-$6 \cdot 10^3$	10^{-3}-10^{-4}	50-500	1500	17, 34
FC	7300	3200	440	1.74	20	$1.7 \cdot 10^{-3}$	3.8	227	21
FC-HT	7000-8000			1.75-1.83			2.7-3.5	228-238	21
FC-HS	5000-7000			1.78-1.83			3.9-7.0	230-270	21
FC-HM	6500-8000			1.79-1.91			2.0-3.2	350-490	21

Como se puede observar en la tabla 1.1, los SWCNTs poseen las mejores propiedades. Sin embargo, debido a que necesitan de unas condiciones de síntesis muy controladas, que se obtienen en pequeñas cantidades y que necesitan de una purificación posterior, su precio se dispara respecto al de la NFC. Así, mientras la NFC se encuentra en el mercado a un precio de 100-200 €/kg, el precio de los MWCNTs es de, al menos, el doble y el de los SWCNTs de varias decenas a varias centenas de veces superior (Sherman, 2007 y www.timesnano.com).

A continuación se comentan algunas de las principales aplicaciones en las que NFC y NTC pueden tener gran importancia.

- <u>Materiales compuestos nanorreforzados con NFC/NTC</u>: Se han reforzado con NFC o NTC multitud de matrices, aunque las más comunes han sido las matrices poliméricas como polipropileno, policarbonato, poliestireno, nylon, epoxi, poliéster insaturado, etc. En la tabla 1.2 se resumen las principales propiedades de materiales compuestos de matriz polimérica utilizando NFCs, y los sectores industriales a los que van destinados.

Tabla 1.2. Propiedades de materiales compuestos de matriz polimérica reforzados con NFC y sector industrial al que van destinados (Merino et al., 2003).

Propiedades de nanocomposites	Sector industrial
Incremento de rigidez a baja densidad	Automóvil, aeronáutico, doméstico, deportivo, defensa, marina
Incremento de resistencia a tracción a baja densidad	Automóvil, aeronáutico, doméstico, deportivo, defensa, marina
Incremento de la temperatura de distorsión térmica a baja densidad	Automóvil, aeronáutico, doméstico, electrónico, industria de componentes de procesos industriales
Estabilidad dimensional a cargas bajas	Automóvil, aeronáutico, eléctrico
Apantallamiento electromagnético con cargas, densidades y precios bajos	Eléctrico, automóvil, aeronáutico, defensa, telecomunicaciones
Reciclabilidad mejorada (cargas bajas, sin fibra de vidrio ni carbonatos)	Todos
Miniaturización (micromoldeado)	Eléctrico, médico, defensa, equipos de precisión
Materiales con propiedades de transporte térmico diferentes a las de los materiales convencionales	Eléctrico, doméstico, piezas sometidas a rozamiento
Resistencia al desgaste	Transporte, maquinaria industrial
Absorción de ondas de radar	Defensa, turbinas de energía eólica
Propiedades eléctricas a cargas bajas (pintado electrostático, disipación de cargas estáticas)	Automóvil, aeronáutico, doméstico, electrónico
Mejora de la calidad superficial en comparación con polímeros tradicionales	Automóvil, marina, doméstico, muebles
Mejora en la eficiencia en RTM	Aeronáutica, energía eólica, defensa
Reducción del desgaste de equipos de procesado	Procesadores de polímeros

- <u>Dispositivos electrónicos y electroquímicos</u>: Se está estudiando la incorporación de estos materiales en nanocircuitos (interconectores, diodos, transistores, etc.), en elementos de emisión de campo (pantallas planas, tubos luminiscentes, etc.) o como electrodos en baterías de litio (Baughman et al., 2002).

- <u>Energías alternativas</u>: Los NTCs y NFCs podrían ser utilizados en dispositivos de almacenamiento de hidrógeno debido a su elevada área superficial (Fernández et al., 2009 y Dillon, Heben, 2001).

- <u>Sensores y sondas</u>: Las sondas para microscopía de fuerzas atómicas (*AFM, atomic force microscopy*) de NTC es una realidad hoy en día. Por otro lado, se ha demostrado que las propiedades electrónicas de los materiales son sensibles a algunas sustancias, por lo que pueden ser utilizados como sensores (Fernández et al., 2009 y Vamvakaki, Chaniotakis, 2007).

- <u>Catálisis</u>: El uso de estos materiales en catálisis se debe a su elevada porosidad y a que resisten temperaturas relativamente altas sin descomponerse. Se han realizado numerosos estudios en este sentido y se han encontrado resultados esperanzadores en términos de actividad y selectividad (Serp, Corrias, Kalck, 2003 y Figueiredo, Pereira, 2010).

- <u>Biotecnología</u>: Recientemente se han publicado gran cantidad de estudios a cerca de la posibilidad de utilizar NFC/NTC en medicina regenerativa así como en la liberación de fármacos de manera selectiva (Tran et al., 2009 y Hilder, Hill, 2008).

2. METODOLOGÍA EXPERIMENTAL

2.1. Materiales de partida

2.1.1. Selección de las materias primas.

Para la preparación de los materiales compuestos de matriz vítrea que se muestran en este trabajo, se ha empleado una nanofibra de carbono, proporcionada por la empresa "Grupo Antolín Ingeniería, S. A." que se comercializa bajo el nombre de NFC GANF3, y un vidrio de baja temperatura de fusión, denominado EDSD555, procedente de la Empresa "Torrecid, S. A.".

La temperatura de fusión de este vidrio es algo superior a la estabilidad térmica de las nanofibras de carbono en ambientes oxidantes, que no es muy superior a 500-550°C.

La caracterización de estas materias primas mediante diferentes técnicas experimentales se mostrará el capítulo 3. Resultados y Discusión (apartados 3.1 y 3.2).

En la figura 2.1 se presentan fotografías correspondientes a la nanofibra de carbono y vidrio utilizados.

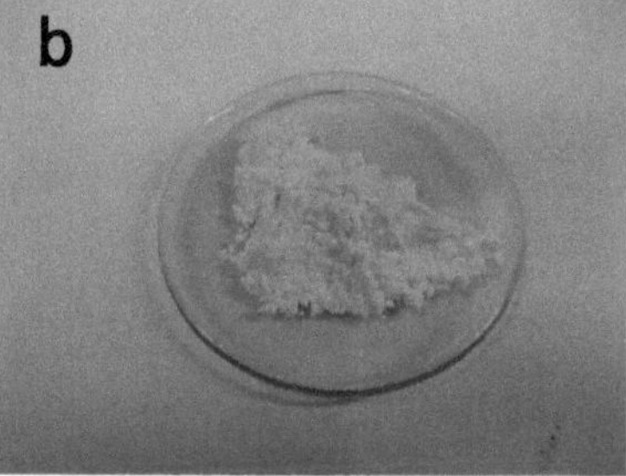

Figura 2.1. Imágenes de las materias primas utilizadas: (a) nanofibra de carbono y (b) vidrio

2.2.- Acondicionamiento de las nanofibras de carbono previo a la preparación del material compuesto final

Los materiales compuestos preparados consisten en pastillas cilíndricas obtenidas mediante prensado de la mezcla de polvo de vidrio y nanofibra de carbono.

Según la bibliografía consultada, la obtención de materiales compuestos de matriz vítrea mediante el mezclado directo de NFC y vidrio, y posterior tratamiento térmico hasta los 600°C, genera materiales frágiles y estructuralmente deficientes, probablemente porque al estar el producto de partida formado por dos materiales mezclados mecánicamente, las NFC no se encuentran suficientemente protegidas por el vidrio, y se combustionan con facilidad (Nistal, 2012). En dicho estudio, se demuestra que aunque se realice una modificación superficial de las NFC, mediante la creación de una capa de sílice a partir de TEOS, que rodee las nanofibras, no se consigue mejorar el resultado, debido a que el recubrimiento no es lo suficientemente homogéneo, lo que genera zonas de nanofibra que no quedaban recubiertas.

Para eliminar este inconveniente, en este trabajo se aseguró la incorporación de nanofibras suficientemente protegidas (recubiertas) por el vidrio, recubriéndolas inicialmente con el mismo vidrio que conformará la matriz vítrea del material compuesto final. Para ello, se mantuvo la mezcla [vidrio + nanofibras] a alta temperatura durante cortos periodos de tiempo, de tal forma que las nanofibras de carbono quedan embebidas en la matriz vítrea. Estas nanofibras, así embebidas en vidrio se molturaron y separaron en función del tamaño de partícula, que fueron la base para la obtención el material compuesto final. A partir de ahora nos referiremos a ellas como pellets de NFC (pellets de nanofibra de carbono).

Se prepararon pellets de NFC a partir de una cantidad constante de vidrio (50 g), variándose únicamente las proporciones de nanofibras, de tal modo que se obtuvieron relaciones NFC/V, comprendidas entre 0-5%. En la tabla 2.1 se muestran las composiciones estudiadas.

Tabla 2.1. Relaciones NFC/V empleadas en la preparación de los pellets de NFC

VIDRIO (g)	NFC (g)	NFC/V (%)
50	0	0
50	0.25	0.5
50	0.5	1
50	1	2
50	2.5	5

El método experimental seguido fue el siguiente. En primer lugar, se mezclan las cantidades de vidrio y NFC indicadas en la tabla anterior, y se introducen en un molino de bolas, procediendo a molturación durante al menos 1 hora, para asegurar la obtención una mezcla lo más homogénea posible. En la figura 2.2 se presentan dos de las mezclas obtenidas para dos composiciones diferentes, a modo de ejemplo.

Figura 2.2. Mezclas [NFC + vidrio]; (a) pelllet NFC al 2% y (b) pellet NFC al 5%.

Posteriormente, dicha mezcla se vierte en un crisol de mullita y se introduce en un horno de ascensor, donde será sometida a un tratamiento térmico a 1000°C durante 10 minutos. Los hornos de ascensor permiten introducir la mezcla directamente a la temperatura deseada sin aplicar ninguna rampa de calentamiento. En la figura 2.3 se muestra una fotografía del horno utilizado, así como la colocación de la muestra en el soporte del ascensor.

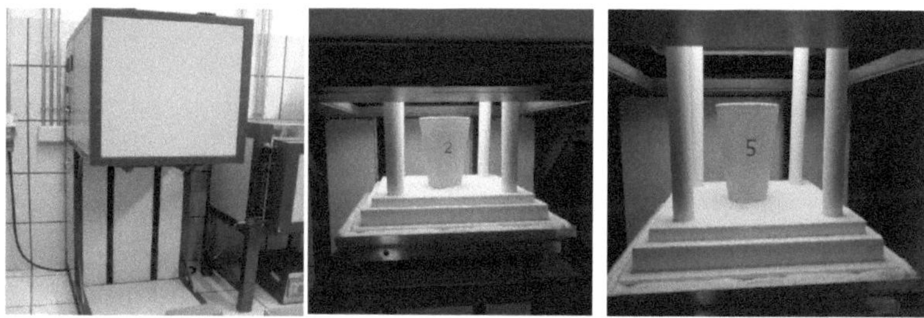

Figura 2.3. Horno utilizado y colocación de la muestra sobre el soporte antes del calentamiento a 1000°C.

Una vez mantenida la muestra durante 10 minutos, transcurridos los cuales, se hace descender el ascensor y se recoge el producto final, que se encuentra completamente fundido (figura 2.4). Ya fuera del horno, la mezcla se mantiene al rojo debido a la que el vidrio se encuentra en estado fundido. Según se va enfriando la muestra, se obtiene un material de color negro, lo que indica que parte de la nanofibra de carbono utilizada se mantiene dentro de la estructura vítrea. Se alcanza así uno de los objetivos del este trabajo, consistente en conseguir que la NFC fuera capaz de soportar temperaturas mucho más altas sin degradación, y por supuesto sin pérdida de las mismas, es decir, combustión.

Figura 2.4. Secuencia de enfriamiento de una mezcla de vidrio y NFC al 2% después del tratamiento a 1000°C durante 10 minutos.

La extracción del nuevo vidrio obtenido (con nanofibras de carbono), requiere el corte del crisol mediante cortadora, por lo que para eliminar el agua absorbida durante este proceso, es necesario secarlo en estufa a 100°C. Finalmente el vidrio, ya seco, se moltura en un mortero de ágata automático durante 60 minutos, separándose mediante tamizado, cuatro tamaños de partícula que fueron:

1) ø < 50 micrómetros

2) 50 < ø <100 micrómetros

3) 100 < ø <200 micrómetros

4) ø > 200 micrómetros

Los materiales compuestos de matriz vítrea se prepararon con la fracción 50 < ø <100 micrómetros, aunque se guardaron todas las fracciones para realizar al final del trabajo estudio de la influencia que pudiera tener el tamaño de partícula en el comportamiento del material compuesto final.

2.3.- Fabricación del Material Compuesto de matriz vítrea final

La fabricación del material compuesto final se realiza mediante prensado uniaxial de los polvos de tamaño de partícula arriba indicado, utilizando un troquel como el que se muestra en la figura 2.5, en el que se introduce aproximadamente 1 gramo de muestra, y se somete a una presión constante de 25 MPa durante 10 minutos. Si la compactación de los polvos hace disminuir presión, ésta se incrementará la presión hasta mantenerla en 25 MPa.

Figura 2.5. Troquel empleado para obtención de las pastillas

Este prensado da lugar a pastillas cilíndricas como las mostradas en la figura 2.6, para posteriormente someterlas a un tratamiento térmico adecuado que proporcione un material compuesto de buenas prestaciones.

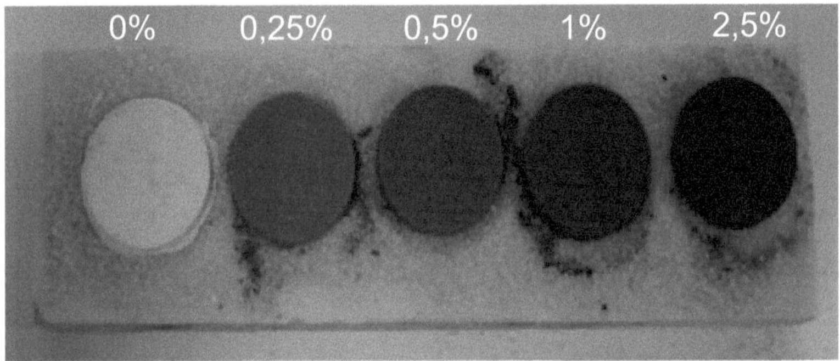

Figura 2.6.- Pastillas iniciales obtenidas a partir de las distintas concentraciones de pellets de NFC

A fin de estudiar la influencia de la temperatura y del tiempo sobre la degradación de la nanofibra de carbono en el material compuesto final, las pastillas así obtenidas, se sometieron a diferentes tratamientos térmicos, que se muestran en la tabla 2.2.

Tabla 2.2. Resumen de los tratamientos térmicos al que han sido sometidos los materiales obtenidos

TEMPERATURA FINAL (°C)	Velocidad de calentamiento (°C/min)	Tiempo de permanencia (minutos)
500	10	60
550	10	60
575	10	60
600	10	60
700	0	5
800	0	3

En la figura 2.7 se muestran fotografías correspondientes a los materiales finales obtenidos.

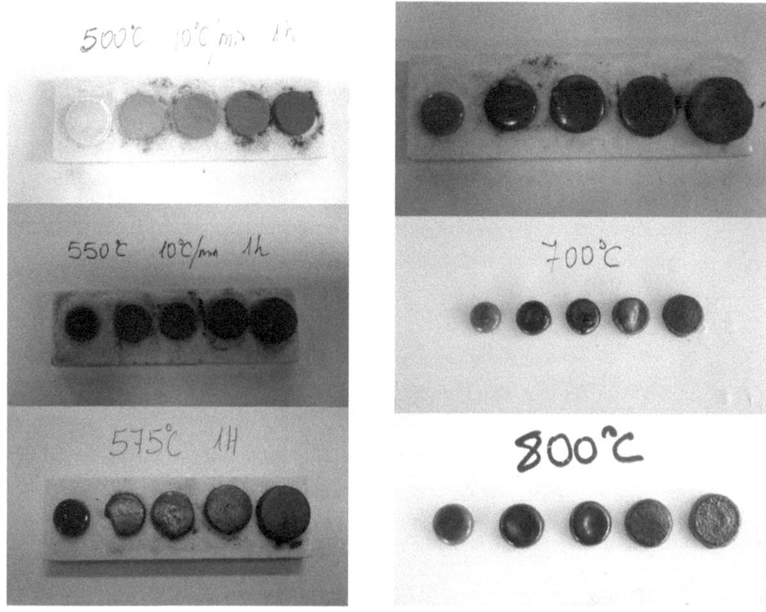

Figura 2.7. Imágenes de las pastillas obtenidas en los tratamientos aplicados

2.4. Técnicas experimentales de caracterización

En este apartado se describen las técnicas experimentales utilizadas para la caracterización de los materiales compuestos.

2.4.1. Análisis Químico Elemental

La determinación de carbono, azufre, nitrógeno y oxígeno se realizó mediante análisis elemental. Las técnicas de análisis elemental para la determinación de dichos elementos son técnicas de microcombustión. El procedimiento consiste en la colocación de la muestra en un crisol, que es introducido en un horno, donde se produce la combustión de la misma. Los elementos a determinar se oxidan, y los gases resultantes son analizados en los detectores.

Para la determinación de carbono y de azufre se ha empleado un equipo LECO, modelo CS-200. La muestra no precisa de preparación previa. Se introduce en un crisol junto con un catalizador en un horno de inducción. El horno calienta la muestra hasta temperaturas superiores a los 2000 °C, produciéndose la combustión de la misma. El carbono se determina como CO_2, mediante un detector consistente en una célula infrarroja.

En el caso de la determinación de nitrógeno y oxígeno el equipo empleado ha sido un analizador de nitrógeno y oxígeno de la marca LECO, modelo TC-436. De igual manera al caso del analizador de carbono y azufre, no es necesaria la preparación previa de muestra. El procedimiento de medida consiste en la introducción de la muestra, junto con un catalizador en un crisol de grafito, que es calentado en un horno tubular en corriente de gas inerte.

2.4.2 Difracción de Rayos X

La difracción de Rayos X (DRX) se realizó mediante la técnica de polvo o Debye-Scherrer, muy útil para la identificación mineralógica de materiales sólidos cristalinos (Rodríguez Gallego, M., 1982). Este análisis se realizó en un Difractómetro Bruker, con radiación de Cu Kα de longitud de onda 1.5406 Å, dotado de un dispositivo Linx Eye, (Ojo de Lince) para captación de radiación difractada simultánea sobre un intervalo de 3° 2θ. El equipo está dotado de un software de control, identificación de fases, tamaño de partícula, base de datos actualizada de estructuras cristalinas, etc. El rango de análisis fue de 10 a 80°.

2.4.3. Análisis Térmico Diferencial y Termogravimétrico (ATD-TG)

El análisis termogravimétrico es una técnica de análisis basada en la observación y medida del calor absorbido o desprendido, cuando un material experimenta cambios físicos o químicos al ser sometido a un calentamiento controlado, y la pérdida de peso que tiene lugar con dichos cambios. Con esta técnica se obtienen curvas semicuantitativas que nos informan de la variación de la masa de una muestra con el tiempo o temperatura de calentamiento, ya sea ganancia o pérdida de peso.

Para la realización de los análisis termogravimétricos se ha empleado un equipo TA INSTRUMENTS Q-600. Los análisis se han registrado en el intervalo de temperaturas 25-800 °C, con una velocidad de calentamiento de 10 °C/min, en atmósfera de aire, a un flujo de 100 ml/min.

2.4.4. Espectroscopía Infrarroja por transformadas de Fourier (FTIR)

La espectroscopía infrarroja se basa en el estudio de la interacción entre la materia y la radiación infrarroja, radiación que corresponde a la región del espectro electromagnético que abarca las longitudes de onda entre 4000-600 cm^{-1}. Esta técnica es sensible a la presencia de grupos funcionales en una molécula, es decir, fragmentos estructurales con unas propiedades químicas comunes. Permite identificar los distintos grupos funcionales de la sustancia a estudiar, a través de la determinación de la frecuencia (número de ondas) a la que éstos presentan bandas de absorción en el espectro IR.

El espectro infrarrojo consiste en una representación gráfica de la intensidad de radiación infrarroja medida en función del número de onda.

El principio teórico de esta técnica se basa en que el espectro infrarrojo se origina por una absorción de fotones con energía correspondiente a la región del infrarrojo, que genera una transición entre niveles vibracionales en una molécula, dentro del estado electrónico en que se encuentre esa especie (Faraldos, M.S. et al., 2002).

Los espectros se obtuvieron utilizando el método de Reflectancia Total Atenuada (ATR) en un espectrofotómetro infrarrojo por transformadas de Fourier (FT-IR) Perkin-Elmer, modelo BX, con una resolución de 4 cm^{-1}. Cada espectro corresponde al promedio de 10 barridos en la región espectral comprendida entre 4000-600 cm^{-1}.

2.4.5. Espectroscopía Raman

La espectroscopía Raman estudia las sustancias a nivel de sus características vibracionales y rotacionales. Proporciona información complementaria al infrarrojo, puesto que las reglas que gobiernan la observación de una vibración molecular mediante una y otra técnica son diferentes. Así como los modos vibracionales en espectroscopía infrarroja son aquellos que producen un cambio en el momento dipolar de la molécula, los modos activos en Raman son aquellos que conllevan un cambio en la polarizabilidad de la misma.

Los espectros se realizaron en un espectrómetro Raman Renishaw, modelo inVia. La calibración del equipo se realizó registrando el espectro Raman de una muestra monolítica de silicio, que tiene su banda de absorción centrada en 520 cm^{-1}.

En el calibrado del equipo con Si se ha empleado el objetivo 50x, siendo el tiempo de exposición de 1 segundo.

Para la realización de espectros, se ha empleado un láser de Ar, con una longitud de onda de excitación de 514 nm. El enfoque de las muestras se hace mediante un microscopio Leica, observando la superficie de la muestra antes y después del registro del espectro, y comprobando que la potencia del láser no ha degradado la muestra. En el registro de los espectros, la potencia de láser empleada es de 50%, y el tiempo de exposición de 10 segundos. El espectro final es resultante de un promedio de 10 barridos, registrados entre 0 y 3000 cm^{-1}.

2.4.6. Adsorción de Nitrógeno

El área superficial y distribución de poros de la muestra se determinó a partir de las isotermas de adsorción-desorción de N_2. La adsorción de nitrógeno es una técnica muy importante en la caracterización de la estructura porosa de cualquier tipo de material, siempre y cuando el tamaño de los poros se encuentre comprendido en el rango de 2 a 50 nm (diámetro). El método se basa en la adsorción de un gas inerte o adsorbato (nitrógeno), que forma una monocapa en la superficie del sólido o adsorbente. El sistema gas/sólido se mantiene a una temperatura constante, inferior a la temperatura crítica del gas, de tal manera que el volumen de gas adsorbido por unidad de masa del adsorbente depende de la presión relativa del gas.

Existen 5 isotermas de adsorción-desorción clasificadas según Brunauer Deming y Teller (Brunauer et al., 1940) y otra (tipo VI) añadida por la IUPAC (Sing et al., 1984). Cada isoterma presenta una determinada forma que la relaciona con la energía de interacción entre el adsorbato y adsorbente, además de la porosidad del sólido. En la figura 2.8 se presentan estos seis tipos de isotermas de adsorción-desorción de nitrógeno.

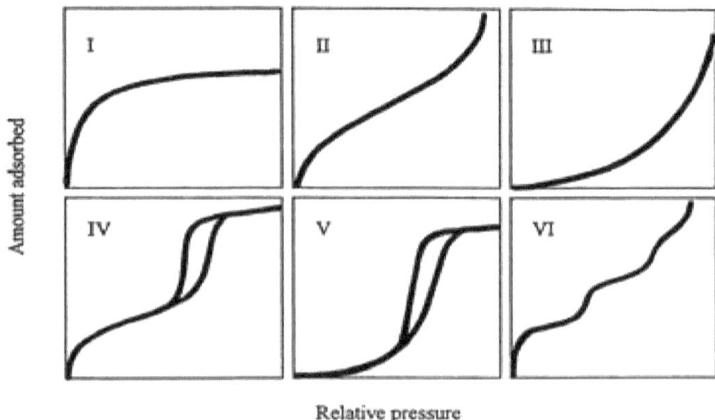

Figura 2.8. Tipos de isotermas de adsorción según IUPAC.

La isoterma tipo I se corresponde con adsorbentes cuyo tamaño de poro se encuentra en el rango de los microporos, es decir, por debajo de 2 nm de diámetro. Las isotermas tipo II y III, se presentan en sólidos macroporosos, donde las interacciones adsorbente-adsorbato son muy débiles. Las isotermas tipo IV y V, son características de sólidos micro-mesoporosos, en los cuales el diámetro de poro se encuentra comprendido entre 2 y 50 nm. En dichas isotermas existe adsorción mono-multicapa, además de condensación capilar, y siempre presentan un ciclo de histéresis, es decir, la isoterma de desorción no coincide con la isoterma de adsorción. La forma del ciclo de histéresis está relacionada con la forma del poro presente en la muestra. Finalmente, la isoterma tipo VI, es la denominada isoterma en "pasos", característica de catalizadores.

Para determinar el área superficial a partir de la isoterma de adsorción se ha utilizado el método BET, donde se calcula el valor de la monocapa a partir de la ecuación de Brunuaer, Emmett y Teller (BET). El método BET considera la superficie del sólido como una distribución de huecos de adsorción en equilibrio dinámico con el adsorbato (gas), de tal manera que la velocidad de condensación de las moléculas situadas en huecos vacíos es igual a la velocidad de evaporación de las moléculas situadas en huecos ocupados. La ecuación [2.1] que describe este proceso es la siguiente:

$$\frac{P}{V(P^0 - P)} = \frac{1 + (c-1)}{V_m c} x \frac{P}{P^0} \qquad [2.1]$$

donde V_m es la capacidad de la monocapa, V es el volumen de gas adsorbido, c es una constante, P es la presión de equilibrio y P^0 es la presión de saturación de vapor. La representación del primer término de la ecuación frente a P/P^0 en condiciones normales de presión y temperatura (STP son las siglas en inglés), da lugar a las isotermas de adsorción-desorción. Estas isotermas tienen un intervalo lineal, que para las obtenidas en este trabajo, de tipo III, está comprendido entre 0.05 y 0.55, en el que se produce la adsorción en monocapa (figura 2.9, punto B). Se pueden obtener las constantes c y V_m a partir de la pendiente y la ordenada en el origen de esta gráfica.

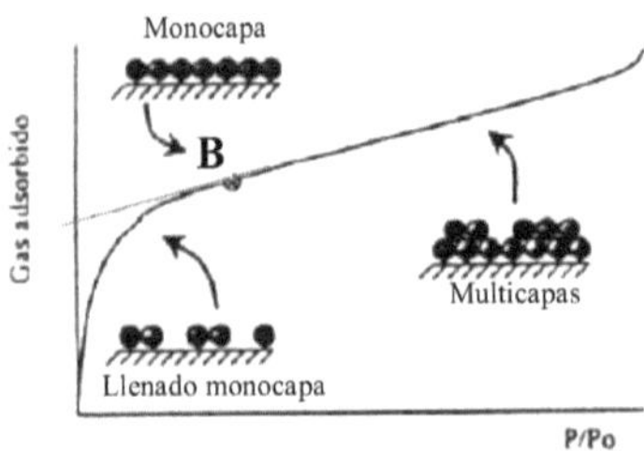

Figura 2.9. Representación de una isoterma de adsorción donde se indica la zona de llenado de la monocapa, la multicapa y el punto B.

Para la determinación de la distribución del tamaño, volúmenes de poro y distribución del tamaño de los poros, se utiliza en método desarrollado por Barret, Joyner y Halenda (Barret et al., 1951) denominado método BHJ. Este método considera que el grosor de la película adsorbida disminuye a valores de P/P^0 pequeños, calculado como la suma de la superficie del poro más el espesor de la película adsorbida (t). El tamaño de poro (r_p) se calcula a partir de la ecuación de Kelvin [2.2], en la que se asumen formas de poro cilíndricas:

$$r_p = r_K + t \qquad [2.2]$$

donde r_k es el radio de Kelvin, que para la molécula de nitrógeno a 77 K equivale a (ecuación [2.3]):

$$r_K\left(\text{Å}\right) = \frac{4.15}{\log\left(P/P^0\right)} \qquad [2.3]$$

2.4.7. Porosimetría de Mercurio

La porosimetría de mercurio es una técnica sencilla y rápida, que se basa en el hecho de que el mercurio es un metal líquido que no moja, y por lo tanto, necesita que se someta bajo presión para que penetre en el sistema poroso. A medida que la presión aumenta, el mercurio se va introduciendo en poros cada vez más pequeños. Esta técnica permite determinar el volumen y distribución de tamaño de poros en sólidos macroporosos, rango en el cual la técnica de absorción de gases no puede aplicarse.

La caracterización del sistema poroso con esta técnica se basa en aumentar la presión de inyección y medir el volumen de mercurio que entra en la muestra, obteniéndose así la curva de intrusión. Por otro lado, y llegado al punto máximo de presión y volumen de mercurio intruido, se decrece gradualmente la presión (para forzar la salida del mercurio), registrándose la curva de extrusión (Figura 2.10).

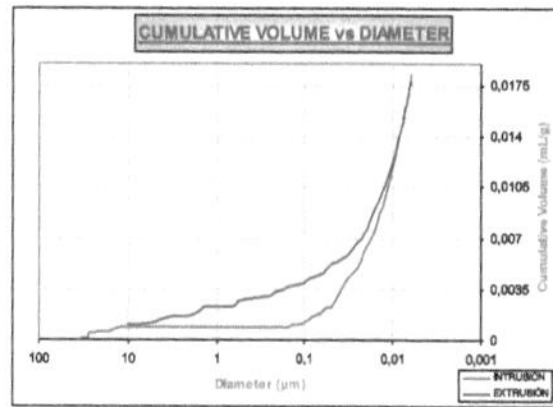

Figura 2.10. Ejemplo de curva de intrusión-extrusión de una resina termoestable

La diferencia de volumen de los poros durante la curva de intrusión (entrada de mercurio en el material) y el ocupado durante la extrusión (salida de mercurio) para una misma presión, se debe a la dificultad que tiene el mercurio de abandonar los poros y a la variación del ángulo de contacto del mercurio. Este fenómeno se denomina histéresis, y puede darnos información tanto sobre la forma de los poros y de las partículas, como de la tortuosidad de la muestra (Faraldos, M.S. et al., 2002).

El equipo utilizado es un AutoPore II 9215 de Micromeritics Corporation. El análisis a baja presión comenzó llenando el penetrómetro de mercurio a una presión de 5 psia y terminando a 30 psia. El penetrómetro posteriormente se trasladó a la cámara de alta presión y el análisis realizó una intrusión de mercurio (14-30000 psia), seguido por una extrusión de mercurio (30000-14 psia).

2.4.8. Microscopía Electrónica de Barrido (MEB)

La microscopía electrónica de barrido permite analizar los detalles de la textura superficial de los materiales, describir aspectos morfológicos y establecer relaciones intergranulares. Estas observaciones texturales son de gran utilidad para predecir el comportamiento de una muestra bajo los efectos de presión, temperatura, humedad, etc.

La técnica se fundamenta en un haz de electrones muy energéticos de corta longitud de onda, emitidos por un filamento incandescente y acelerados por un campo eléctrico, que inciden sobre la muestra objeto de estudio, y nos ofrecen imágenes de alta resolución de las estructuras, permitiendo además, la posibilidad de análisis químicos puntuales.

El equipo utilizado fue un microscopio FE-SEM HITACHI S-4700, aceleración de electrones (20Kv), poder de resolución (70Å) e intensidad de corriente (60µA).

3. RESULTADOS Y DISCUSIÓN

3.1. Caracterización de las nanofibras de carbono

La nanofibra de carbono utilizada se comercializa con el nombre GANF3 por la empresa "Grupo Antolín Ingeniería, S. A.", como se comentó en el apartado 2.1.1. Esta nanofibra se sintetiza mediante el método de catalizador flotante dentro de un reactor tubular a 1050°C. Al ser un proceso continuo de fabricación, la nanofibra no es estructuralmente muy homogénea, ni en longitud ni en anchura, como se verá en el apartado 3.1.1. La caracterización de las mismas se realizó mediante las técnicas experimentales que a continuación se describen.

3.1.1. Microscopía Electrónica de Barrido por Emisión de Campo (FE-SEM)

En la figura 3.1 se presenta una fotografía de las nanofibras utilizadas en este trabajo, obtenida mediante MEB.

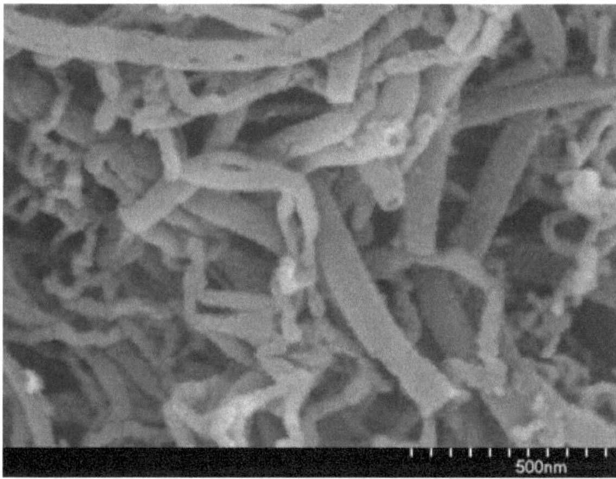

Figura 3.1. Microfotografía SEM de las nanofibras utilizadas.

A la vista de esta fotografía se observan importantes diferencias en las nanofibras representadas, tanto en longitud (presencia de fibras de diámetro superior a los 50 nanómetros, junto a otras de diámetro próximo a los 10 nanómetros), como en grosor (se aprecian fibras muy delgadas en el cuadrante inferior izquierdo de la fotografía). Esto pone de manifiesto la heterogeneidad de las nanofibras empleadas como materia prima en este trabajo.

El grado de enmarañamiento observado perjudicaría la impregnación de estas fibras por parte de la matriz vítrea, en este caso, debiendo desenredarlas previamente mediante agitación de alta cizalla. Por contra, se trata de fibras huecas, apreciándose orificios en los extremos de algunas de ellas, y esto aporta baja densidad al material compuesto que se va a preparar, propiedad de gran importancia para las aplicaciones a que se destinan estos materiales compuestos.

3.1.2.- Adsorción de Nitrógeno. Superficie Específica y Distribución de Poros.

En la figura 3.2 se presenta la gráfica correspondiente a la adsorción de nitrógeno para esta muestra. Se observa como la isoterma es característica de sólidos no porosos puesto que la isoterma de desorción coincide prácticamente con la isoterma de adsorción. Según la nomenclatura de la IUPAC esta isoterma es de tipo II. Además no se observa ningún ciclo de histéresis que permitiera indicar la existencia de algún tamaño de poro característico, como por ejemplo, el diámetro del tubo de NFC.

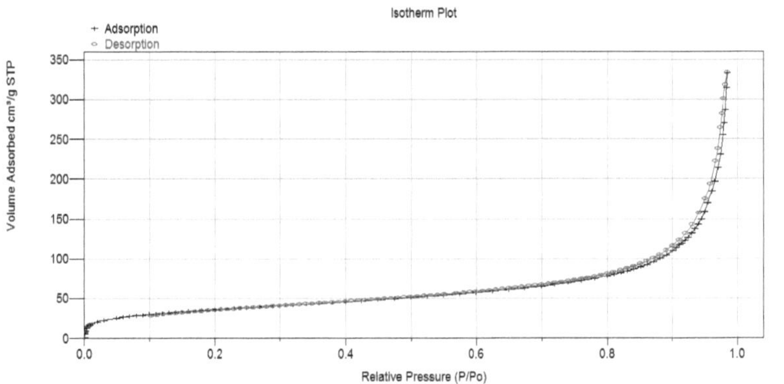

Figura 3.2. Isoterma de adsorción de las nanofibras de carbono

La superficie específica de las nanofibras de carbono se calcula a partir de la ecuación de BET, en el rango de presiones $0,1 \leq P/Po \leq 0,35$, donde la linealidad es prácticamente perfecta. De la pendiente y la ordenada en el origen de esta recta se obtiene el volumen de N_2 de la monocapa, así como la constante c de BET, datos que se presentan en la tabla 3.1. El alto valor de superficie específica que presenta la nanofibra de carbono (127.75 m^2/g) respecto al vidrio (1.37 m^2/g, en tabla 3.2) podría ser debido, bien a los huecos a que da lugar el enmarañamiento observado por microscopía, o bien a diámetros muy grandes de los tubos de la NFC, que permiten a las moléculas de nitrógeno adsorberse y desorberse con cierta facilidad.

Para conocer el grado de interacción adsorbente-adsorbato, nos fijamos en la constante c de BET, un parámetro que se obtiene de la ecuación de BET, y que está relacionado con el calor de adsorción. Cuando dicha interacción es débil, la constante c de BET tiende a valor es próximos a 0, mientras que si la interacción es acusada, esta constante tiende a un valor positivo, tanto mayor cuanto mayor sea la interacción. El elevado valor encontrado para la constante c de BET, confirma que la superficie de las nanofibras de carbono es bastante energética, es decir, contamos con numerosos centros activos que permiten la adsorción de la molécula de nitrógeno. Esto concuerda con la interpretación, comentada en la introducción, referente a los numerosos grupos superficiales que contienen estos materiales carbonosos.

Tabla 3.1. Datos obtenidos a partir de las isotermas de adsorción de nitrógeno de las nanofibras de carbono (NFC)

```
              BET Surface Area Report

BET Surface Area:          127.7534    ±      0.7041 m²/g
Slope:                       0.033815  ±      0.000184
Y-Intercept:                 0.000260  ±      0.000038
C:                         131.155883
VM:                         29.347011          cm³/g STP
Correlation Coefficient:     9.997193e-01

Molecular Cross-section:     0.1620            nm²
```

Al realizar la distribución de poros obtenida mediante el método BJH (Debsikdar, 1986), se corrobora la ausencia de poros de un tamaño determinado. Esta distribución (figura 3.3) presenta una tendencia creciente en la distribución, indicando que la muestra tiende a ser macroporosa, de ahí el tipo de isoterma obtenida.

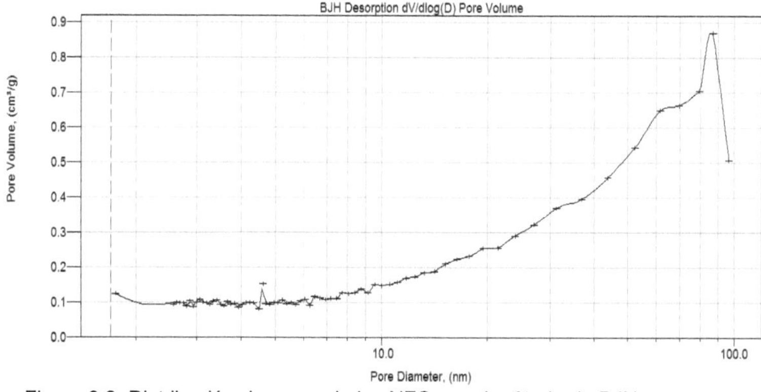

Figura 3.3. Distribución de poros de las NFC por el método de BJH

3.1.3.- Difracción de Rayos X

El difractograma obtenido para la NFC utilizada en este trabajo (figura 3.4) muestra la presenta los picos característicos del grafito hexagonal. El pico de mayor intensidad y que se corresponde a la reflexión (002) está centrado sobre los 26°. Además, se observan otros dos picos menos intensos, y centrados en 43° y en 45°, que se asignan respectivamente, a las reflexiones (100) y (101) del mencionado grafito hexagonal (Hillert et al., 1958).

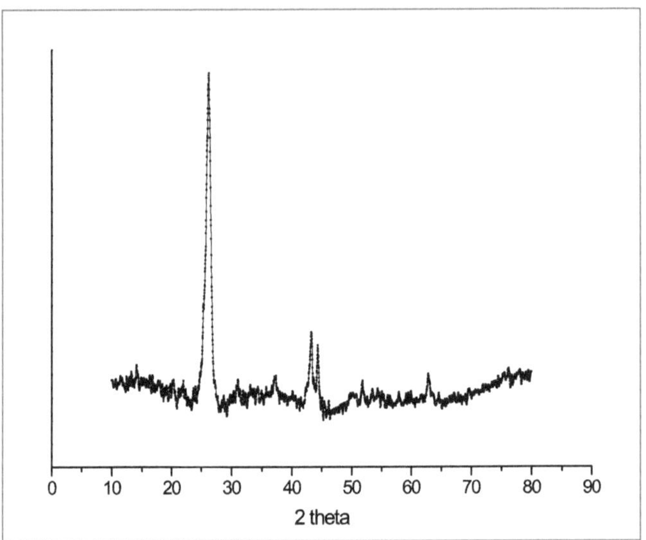

Figura 3.4.- Difractograma de Rayos X de las nanofibras de carbono

3.1.4.- Análisis Químico Elemental

El estudio composicional de la NFC se llevó a cabo mediante análisis químico elemental, determinado el porcentaje en carbono (C), azufre (S), nitrógeno(N) y oxígeno (O), con los equipos LECO comentados el apartado 2.4.1. Los resultados obtenidos se dan en la tabla 3.2 que se muestra a continuación.

Tabla 3.2. Análisis químico elemental de las nanofibras de carbono

%C	%S	%O	%N
84.1 ± 0.8	1.92 ± 0.05	6.0 ± 0.4	0.27 ± 0.04

Los elementos C, S, O y N suman un 92.29% en peso. Dado que en la síntesis de las nanofibras de carbono se adicionan níquel, el 7,71% restante se atribuye a hidrógeno (H) y níquel (Ni). El azufre es añadido durante la síntesis para facilitar la acción catalizadora del níquel.

3.1.5.- Análisis Termodiferencial y Termogravimétrico

El análisis termodiferencial y termogravimétrico permitirá en cierta medida, poder establecer el rango de estabilidad térmica que presentan las nanofibras de carbono objeto de estudio, así como conocer los posibles cambios que se van produciendo al someterlas a un tratamiento térmico programado.

En la figura 3.5 se presenta el termograma correspondiente a la NFC en atmósfera de aire. En él se distinguen tres zonas; la primera, entre 25-200°C, con una pequeñísima pérdida de peso (1%), debida a la humedad retenida en la muestra, una segunda, entre 200-400°C, a la que se asocia una pérdida de peso aún menor (0.5%) que en el caso anterior, que se atribuye a la pérdida de compuestos poliaromáticos que hubieran podido quedar (como impurezas) tras la síntesis de la NFC. Y finalmente, la tercera y más importante entre 500- 700°C, que presenta una pérdida de peso de 92%, que se debe a la combustión del carbono grafítico sp^2 de la NFC. A partir de 700°C, no se registran pérdidas de masa, por lo que se considera que, la masa que no haya combustionado a esta temperatura (7.5%), es debida a la presencia de otros compuestos que se emplean en la síntesis de la NFC GANF, como óxidos de níquel (catalizador), compuestos sulfurados que mejoran la eficacia del catalizador, etc. La presencia de estos compuestos (azufre y níquel) quedó patente en el análisis elemental.

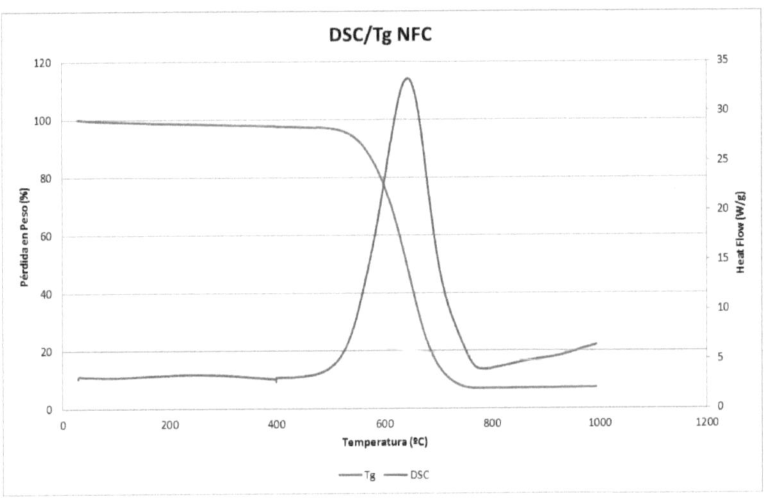

Figura 3.5.- Análisis Termogravimétrico de la muestra de NFC utilizada.

3.1.6.- Espectrocopía Infrarroja

En la figura 3.6 se muestra el espectro FTIR-ATR de la NFC. En el espectro se observa la presencia de diferentes bandas asignadas a distintos grupos funcionales que se comentan a continuación. Así, a 1074 y 1180 cm^{-1} se encuentran las bandas correspondientes a enlaces C-OH de grupos alcohol y fenol, respectivamente. Entre 1400 y 1495 cm^{-1}, hay una banda ancha debida a la presencia de enlaces C=C, típicos de la estructura grafítica de la NFC. Por último, entre 1595 y 1800 cm^{-1}, se observa una banda ancha que se asigna a enlaces C=O, presentes en grupos funcionales como ácidos carboxílicos, ésteres, lactonas, amidas, lactamas, anhídridos, cetonas, aldehídos, quinonas, etc., pudiendo ser aromáticos o alifáticos, existiendo también la posibilidad de que estén conjugados a dobles enlaces o no (Yoon et al., 2011).

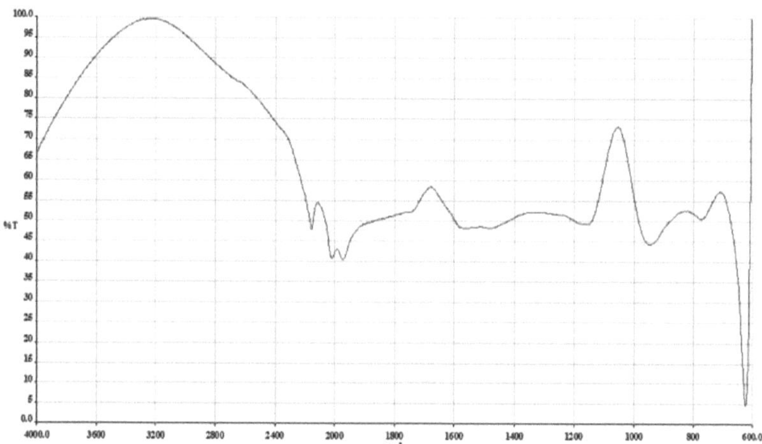

Figura 3.6.- Espectro Infrarrojo mediante ATR de la muestra de NFC utilizada

3.1.7.- Espectroscopía Raman

En la figura 3.7 se presenta el espectro Raman correspondiente a la NFC utilizada en este trabajo. Es importante señalar que los espectros Raman de materiales grafíticos, presentan dos bandas características muy intensas, denominadas D (sobre 1380 cm⁻¹) y G (sobre y 1590 cm⁻¹), respectivamente. La banda D corresponde a estructuras grafíticas desordenadas o bien a la presencia de defectos en la estructura, mientras que la banda G es debida a estructuras grafíticas ordendadas. Dada la intensidad que presentan estas bandas, se advierte una mayor contribución de la estructura desordenada que de la ordenada, que se puede atribuir al proceso de fabricación.

La intensidad de estas bandas ayudan a detectar la presencia de estructuras grafíticas en el estudio de materiales que las contengan, por lo que la espectroscopía Raman será muy útil en la caracterización de los materiales compuestos de matriz vítrea finales, incluso en aquellos casos en los que la proporción de nanofibras de carbono sea muy pequeña.

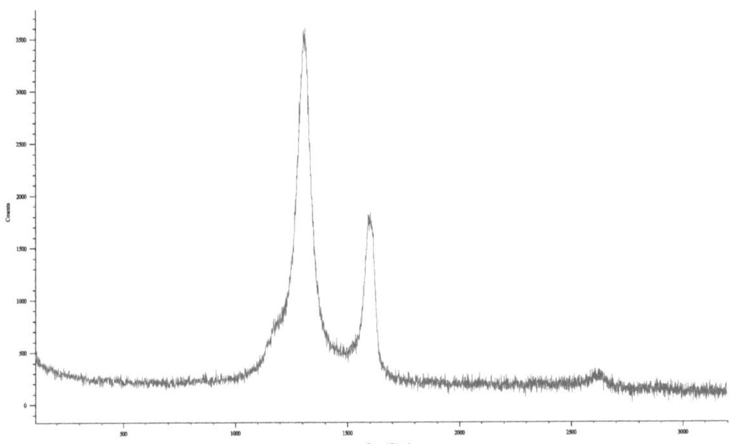

Figura 3.7.- Espectro Raman de la muestra de NFC estudiada

3.2. Caracterización del vidrio (de bajo punto de fusión, 500-600°C)

La caracterización del vidrio se realizó mediante las mismas técnicas que las empleadas para la caracterización de las nanofibras de carbono.

3.2.1.- Adsorción de Nitrógeno. Superficie Específica y Distribución de Poros

A diferencia de las nanofibras de carbono (NFC), la isoterma de adsorción-desorción del vidrio es de tipo IV (figura 3.8), característica según la nomenclatura definida por la IUPAC, de sólidos mesoporosos, presentando un pequeño ciclo de histéresis situado a un valor de P/P_0 próximo a 0.5.

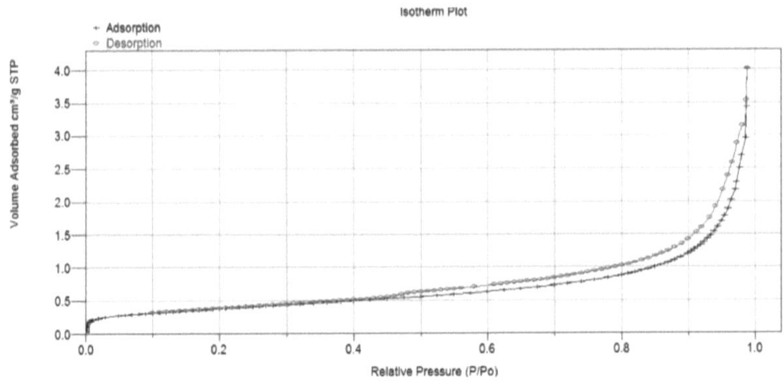

Figura 3.8.- Isoterma de adsorción-desorción de N_2 para la muestra de vidrio

Sin embargo, al comparar esta isoterma con la de la NFC, se advierte que el volumen de nitrógeno adsorbido por el vidrio es mucho menor, lo que implicaría que la muestra es no porosa, aunque aparezca un pequeño ciclo de histéresis, el cual se atribuye al efecto de aglomeración existente entre las partículas de vidrio. Consecuencia de la baja adsorción de nitrógeno, es el pequeño valor de superficie específica calculado, al igual que en el caso de las NFC, a partir de la ecuación de BET. Los datos obtenidos de esta isoterma se recogen en la tabla 3.3.

Tabla 3.3. Datos obtenidos a partir de las isotermas de adsorción-desorción de nitrógeno del vidrio

```
                    BET Surface Area Report

BET Surface Area:          1.3700    ±      0.0025 m²/g
Slope:                     3.143778  ±      0.005608
Y-Intercept:               0.033816  ±      0.001170
C:                         93.966049
VM:                        0.314704        cm³/g STP
Correlation Coefficient:   9.999698e-01

Molecular Cross-section:   0.1620           nm²
```

Como puede observarse, el valor de la superficie específica del vidrio obtenida por BET, es aproximadamente 100 veces menor que para las nanofibras de carbono, lo que sugiere que la muestra de vidrio empleado es no porosa. Por otra parte, el valor de la constante "c" de BET también es bastante alto, lo que supone que este vidrio posee alta energía superficial, proporcionada por los compuestos utilizados en su síntesis, así como a los defectos estructurales generados durante la molienda.

En la gráfica de distribución de poros, obtenida por el método BJH (Barret-Joyner-Hallenda) que se representa en la figura 3.9, se observa un pico nítido, situado a aproximadamente 27 nm, que coincide con el cierre del ciclo de histéresis observado en la figura 3.8. Por otra parte, al igual que en la NFC, la curva tiende hacia grandes tamaños de poro, lo que indica que la muestra tiende a ser macroporosa o no porosa.

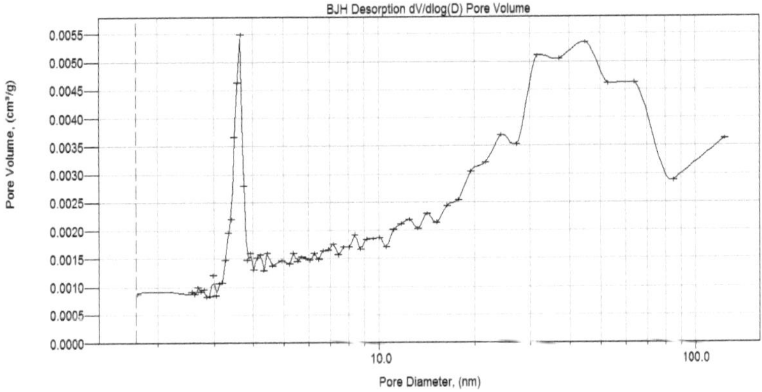

Figura 3.9.- Distribución de poros de la muestra de vidrio utilizado

3.2.2.- Difracción de Rayos X

En la figura 3.10 se presenta el difractograma de Rayos X correspondiente al vidrio. No se observan picos nítidos, únicamente una reflexión ancha centrada sobre los 25º, que se corresponde con la típica estructura desordenada o amorfa del vidrio.

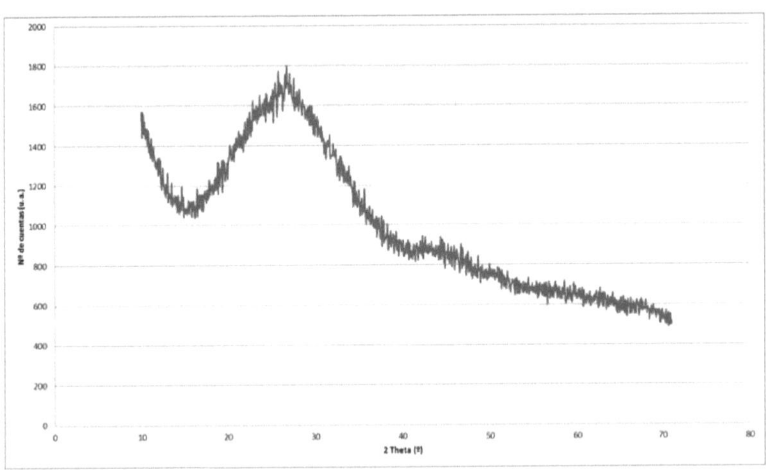

Figura 3.10.- Difractograma de Rayos X del vidrio utilizado en este trabajo.

3.2.3.- Análisis Termodiferencial y Termogravimétrico

El análisis termodiferencial y termogravimétrico del vidrio objeto de estudio tampoco aportó información de interés. En la figura 3.11 se presentan ambos registros.

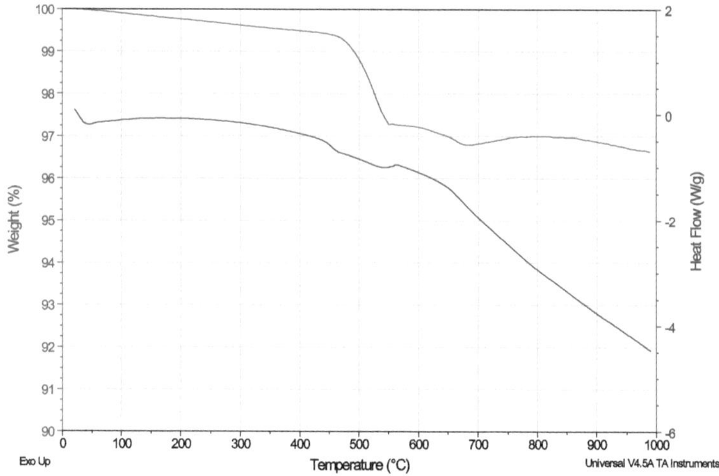

Figura 3.11.- Análisis termodiferencial y termogravimétrico del vidrio utilizado.

La ligera pérdida de peso observada hasta los 500°C aproximadamente, se atribuye a la adsorción de humedad por parte de la muestra, ya que los vidrios de bajo punto de fusión contienen compuestos que reaccionan fácilmente con la humedad ambiental, adsorbiéndola rápidamente. A partir de los 500°C y hasta los 550°C, se produce la pérdida de compuestos volátiles presentes en el vidrio, como así indica la pérdida de peso de un 1.5%, aproximadamente. A partir de ese momento, no se pierde más masa, puesto que no se observan grandes variaciones en la curva TG.

El ascenso en el termograma hasta los 550-560°C, se corresponde con la temperatura de transición vítrea. El decrecimiento posterior coincide con el punto de reblandecimiento del vidrio, pues a partir de los 575°C el vidrio comienza a fundir.

3.2.4.- Espectrocopía Infrarroja

En la figura 3.12 se presenta el espectro infrarrojo correspondiente a la muestra de vidrio utilizada en este trabajo.

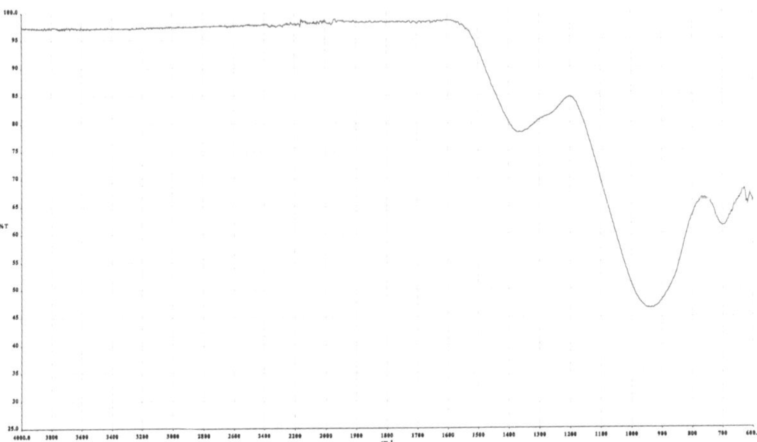

Figura 3.12.- Espectro Infrarrojo del vidrio utilizado

El espectro infrarrojo presenta muy pocas bandas como se corresponde con materiales vítreos o desordenados. Únicamente se observan bandas situadas a 1367 cm^{-1}, correspondiente a los grupos estructurales BO_4, a 931 cm^{-1}, debido a la vibración de tensión de los enlaces Si-O y la banda situada a 698 cm^{-1}, debido a la vibración de los grupos estructurales SiO_4 (Fernández Navarro, 1991).

3.2.5.- Espectroscopía Raman

El espectro Raman (figura 3.13) sólo muestra bandas de muy baja intensidad situadas sobre los 1350 cm^{-1}, que pueden atribuirse a las vibraciones de tensión de los grupos BO_4. La ausencia de bandas en la zona de vibración de las nanofibras de carbono, permitirá utilizar esta técnica junto con la espectroscopía infrarroja, para seguir el proceso de obtención del material compuesto de matriz vítrea mediante las bandas observadas en la figura 3.6 y 3.7.

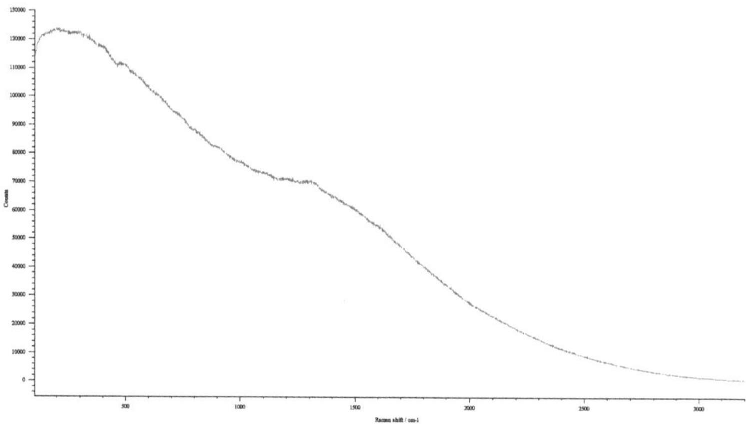

Figura 3.13.- Espectro Raman del vidrio utilizado.

3.3. Obtención y caracterización de los pellets de NFC

Los pellets de NFC se obtuvieron mediante la incorporación de nanofibras de carbono a un vidrio de bajo punto de fusión, hasta obtener relaciones [NFC /vidrio] de 0, 0,5, 1, 2 y 5% en peso, y llevando estas mezclas [NFC+vidrio] hasta fusión completa, manteniéndolas en un horno ascensor durante 10 minutos a una temperatura de 1000°C, tiempo éste suficiente para que el vidrio presente funda e impregne a las nanofibras.

De esta forma, el vidrio protegerá a las nanofibras del tratamiento térmico a que deben ser sometidas para la obtención del material compuesto final.

En la figura 3.14 y 3.15 se presentan fotografías correspondientes a la mezcla [NFC/vidrio] del 2 y 5%, respectivamente, junto a su aspecto tras su fusión en horno ascensor (10 minutos, 1000°C).

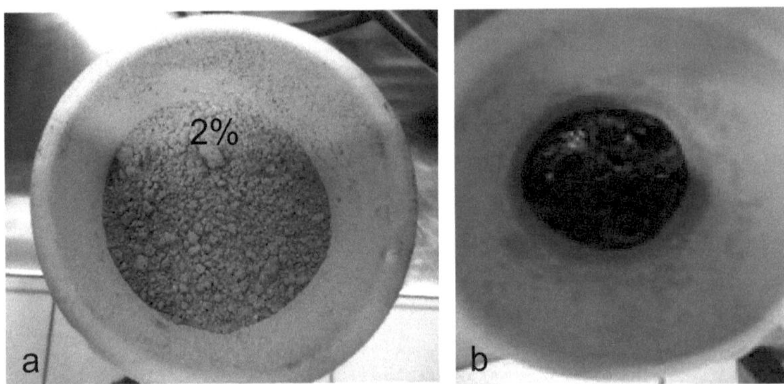

Figura 3.14. Fotografías correspondientes a: (a) la mezcla [NFC/vidrio] =2%, (b) su fundido

Figura 3.15. Fotografías correspondientes a: (a) la mezcla [NFC/vidrio] =5%, (b) su fundido

Se observa que para un mismo peso de la mezcla [NFC+vidrio] inicial, cuanto mayor es la proporción de nanofibras de carbono más oscura es la mezcla, y menor es el volumen del residuo que queda tras la fusión. Esta reducción en el volumen es debido a la formación de gran número de burbujas con eliminación de CO_2, como consecuencia de la combustión de las nanofibras de carbono.

Estos productos obtenidos de la fusión se molieron, separándose en fracciones de distinto tamaño, como se explicó en el apartado 2.2, para su estudio posterior.

Puesto que en el estudio de análisis térmico de las nanofibras de carbono (figura 3.5) se observó que a 650°C se pierde el 100% de las nanofibras por combustión, se caracterizaron los pellets de NFC obtenidos para confirmar que realmente el vidrio protege a las nanofibras y aumenta su estabilidad térmica, comprobándose que las nanofibras seguían presentes después del tratamiento térmico inicial. A continuación se comentan las observaciones más relevantes derivadas de las técnicas de caracterización empleadas.

3.3.1. Espectroscopía infrarroja

En la figura 3.16 se presentan los espectros infrarrojos correspondientes a los pellets correspondientes a las diferentes relaciones [NFC/vidrio], no observándose que cantidades crecientes de nanofibras tengan influencia alguna sobre dichos espectros, tal y como se intuía, a la vista del débil espectro IR que presentaron las NFC (figura 3.6).

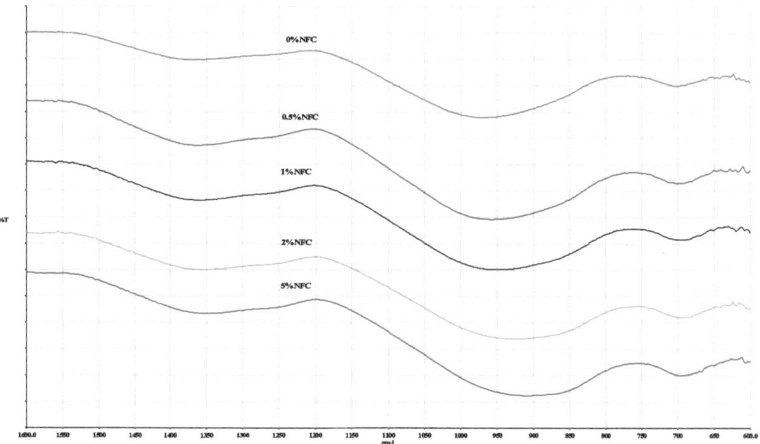

Figura 3.16.- Espectros Infrarrojos para las distintas relaciones [NFC/vidrio]

Sin embargo, cabe destacar que mientras las bandas debidas a los grupos BO_4 (1360 cm^{-1}) y SiO_4 (700 cm^{-1}) no sufren ningún cambio, la banda debida a la vibración de tensión de los grupos Si-O (967 cm^{-1}) sufre un desplazamiento hacia menores frecuencias a medida que aumenta el contenido en NFC. Así, para concentraciones del 0.5, 1, 2 y 5% en NFC, las nuevas frecuencias son 956, 950, 924 y 907 cm^{-1}, respectivamente. Esto indica que el C de las NFC se está uniendo a la estructura vítrea a través de los grupos Si-O, formándose grupos Si-O-C u oxicarburo de silicio, pero no entrando a formar parte de la estructura tetragonal de la red vítrea.

3.3.2. Espectroscopía Raman

La presencia de NFC se evidencia mejor en los espectros Raman, siendo la intensidad de los picos tanto más intensos, cuanto mayor es la concentración de NFC (figura 3.17). En ellos se observa la presencia de las bandas D (1380 cm^{-1}) y G (1590 cm^{-1}), y como era de esperar, la intensidad de estos picos aumenta con el contenido en NFC.

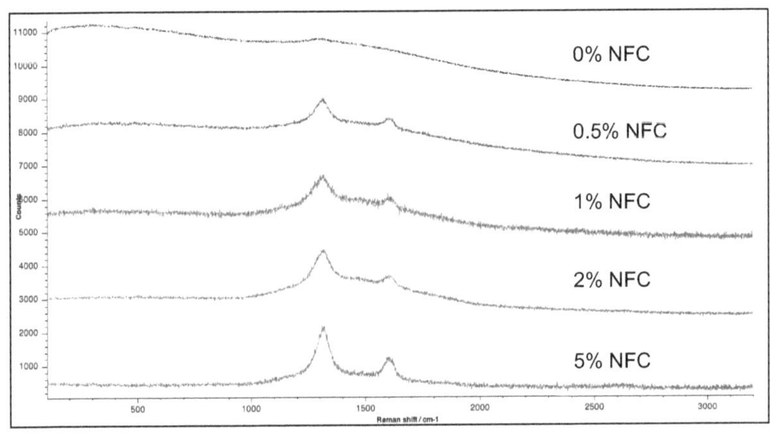

Figura 3.17. Espectros Raman en función de la concentración de NFC añadidas

3.3.3. Análisis Termodiferencial y Termogravimétrico

En la figura 3.18 se presenta el termograma correspondiente a la relación [NFC/ vidrio] = 1%. La presencia de NFC dentro de la estructura del vidrio se corrobora con la pérdida en peso observada en el rango de temperatura de 450-590°C, y que el termograma del vidrio original no poseía. Dado que la pérdida en peso (0.5%) en este rango de temperaturas es la mitad del contenido inicial en NFC (1%), suponemos durante el proceso de fusión en el horno ascensor (10 minutos a 1000°C), parte de la nanofibra se pierde por combustión, y de ahí las burbujas observadas en algunos casos (figura 3.15). Sin embargo, es muy importante resaltar que se consigue uno de los objetivos iniciales, es decir, que buena parte de las NFC añadidas se mantienen dentro de la estructura del vidrio, protegiéndola.

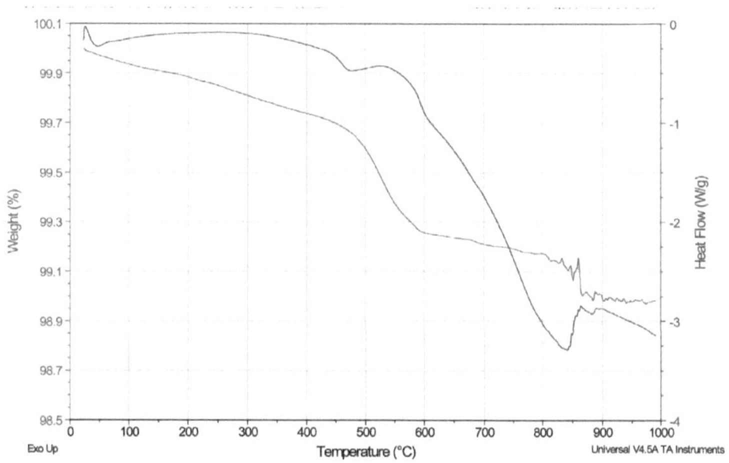

Figura 3.18.- Termograma para la relación [NFC/vidrio] = 1%

3.3.4. Adsorción de Nitrógeno

Mediante adsorción de nitrógeno se comprobará si la fibra retenida en la estructura del vidrio está realmente recubierta por el. Si esto fuera así, tal y como se espera, la forma de la isoterma cambiará y el valor de la superficie específica disminuirá.

En la figura 3.19 se presenta la isoterma correspondiente a la relación [NFC/vidrio] del 5%.

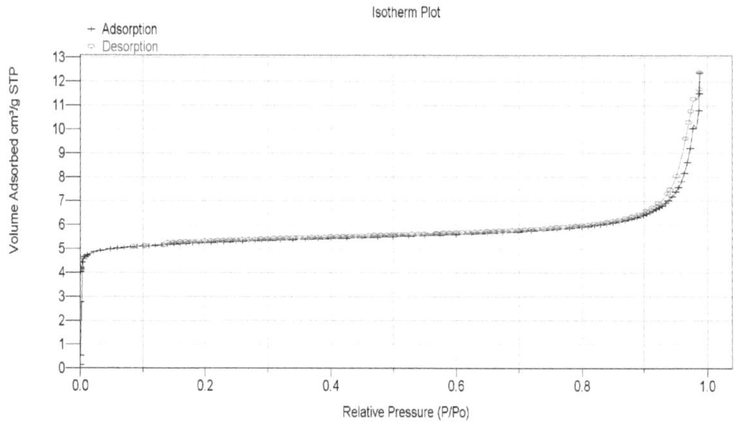

Figura 3.19. Isoterma de adsorción-desorción de nitrógeno para la relación [NFC/vidrio] = 5%.

La isoterma obtenida es, al igual que en el caso de las nanofibras de carbono, de tipo II, característica de sólidos no porosos o macroporosos, con coincidencia en todo el rango de presiones de ambas isotermas. Aunque a simple vista no hay cambios importantes con respecto a las nanofibras de carbono o al vidrio, el volumen de nitrógeno adsorbido por los pellets (tabla 3.4) es mayor que el adsorbido por el vidrio y menor que el adsorbido por las nanofibras, lo que asegura que al menos, parte de las nanofibras han quedado recubiertas por vidrio.

Tabla 3.4. Volúmenes de nitrógeno adsorbidos por el vidrio, las nanofibras de carbono y los pellets.

	Volumen de nitrógeno adsorbido (cm^3/g)
VIDRIO	4
NFC	350
PELLET	12

La disminución drástica en la constante c de BET hasta valores negativos indica que la energía superficial es ahora muy baja (tabla 3.5), lo que indica la ausencia de microporos y/o defectos superficiales.

Tabla 3.5. Datos obtenidos a partir de las isotermas de adsorción-desorción de pellet correspondiente a la relación [NFC/vidrio] = 5%.

```
                    BET Surface Area Report

BET Surface Area:          15.4747    ±      0.2305 m²/g
Slope:                     0.290564 ±      0.004103
Y-Intercept:               -0.009253 ±      0.000857
C:                         -30.403281
VM:                        3.554778      cm³/g STP
Correlation Coefficient:   9.981115e-01

Molecular Cross-section:   0.1620         nm²
```

La distribución de poros mediante el método de BJH (figura 3.20) presenta una tendencia creciente hacia la zona de mesoporos (alto diámetro de poro). También se observa un pico sobre los 27 nm de diámetro, que se corresponde con el tamaño de poro observado en la muestra de vidrio.

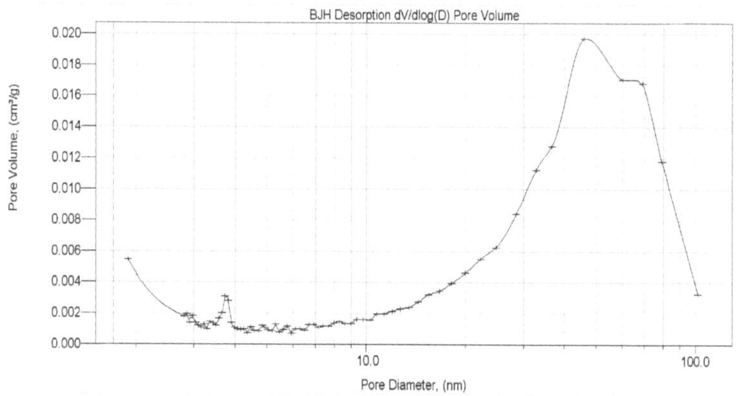

Figura 3.20.- Distribución de poros correspondiente a la relación [NFC/vidrio] del 5%

En la tabla 3.6 se presentan los datos de superficie específica de las mezclas [NFC+V] estudiadas, antes y después de la fusión, que demuestran tanto el recubrimiento de las nanofibras por parte del vidrio, como un cambio en las características texturales (menor rugosidad superficial). Un ejemplo de ello es el aumento que sufre superficie específica de las mezclas tras la fusión (1000°C, 1 hora), en especial para la concentración del 5%.

Tabla 3.6. Datos de superficie específica para los distintos pellets

[NFC/vidrio] (%)	Superficie específica (m²/g)	
	[NFC+vidrio] sin fundir	Pellets NFC fundido
0	1,38	1,37
0,5	1,36	1,41
1	1,24	2,32
2	1,38	5,73
5	3,12	15,47

Por tanto, puede decirse que no solo se produce un recubrimiento de la nanofibra, sino que también se puede asegurar que las características textuales del material final son diferentes y esto corroboraría en parte los resultados obtenidos mediante espectroscopía infrarroja y que era un desplazamiento de la banda situada a 967 cm⁻¹ hacia menores frecuencias con el contenido en NFC.

3.3.5. Microscopía Electrónica de Barrido por Emisión de Campo (FE-SEM)

La textura de los pellets obtenidos se estudió mediante microscopía electrónica de barrido. En las figuras 3.20 y 3.21 se muestran diferentes fotografías de las relaciones [NFC/vidrio] del 0.5% y el 5%, respectivamente, y tamaño de partícula entre 50-100 micrómetros.

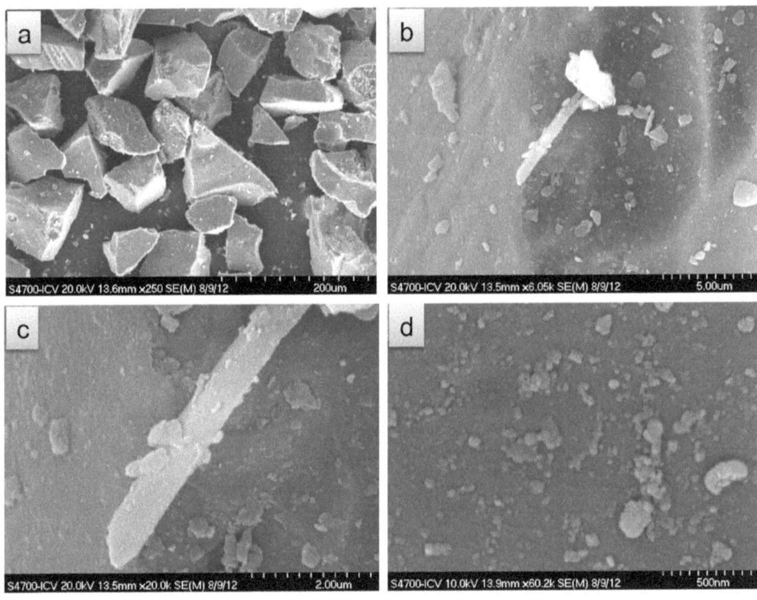

Figura 3.20. Fotografías de MEB para el pellet con un 0,5% de NFC, a distintos aumentos: (a) 200, (b) 5, (c) micrómetros y (d) 500 nanómetros

A bajos aumentos (fotografías a y b) se aprecia una superficie homogénea, con una fractura limpia y angulosa, característica de vidrios molturados. Las partículas tienen un tamaño medio inferior a los 100 micrómetros, no observándose la presencia de nanofibras de carbono hasta que no se aumenta la magnificación (fotografías c y d). Parece que la dispersión de las nanofibras en la estructura del vidrio ha sido homogénea, pues son pocas fibras que se ven en la fotografía. Aunque son nanofibras aisladas, se aprecia que partículas de vidrio quedan adheridas a ellas (fotografía c). En estas fotografías no se observa presencia de porosidad que pudiera haber sido generada por la combustión de las NFC a 1000ºC.

Cuando la concentración de nanofibras es mayor (5%), las fibras son visibles incluso a bajos aumentos, asomando varias de ellas a través de la superficie del vidrio (figura 3.21 a). La molturación del producto vítreo obtenido también genera cortes limpios en las partículas de vidrio, apreciándose zonas en las cuales hay una cierta aglomeración de NFC (figura 3.21 a). Así mismo, se observa que la superficie de las partículas no es tan homogénea como en el caso anterior, sino que existe cierta porosidad que puede ser atribuida a los gases generados durante la combustión de la NFC y que quedan ocluidos en la estructura vítrea.

Figura 3.21. Fotografías de MEB para el pellet con un 5% de NFC, a distintos aumentos: (a) 200, (b) 5, (c) micrómetros y (d) 500 nanómetros

No se observa rotura en las nanofibras de carbono tras el tratamiento de fusión, manteniendo su estructura fibrilar (figura 3.21 c). A grandes magnificaciones (figura 3.21 d) se aprecia que las nanofibras están recubiertas casi en su totalidad por vidrio.

A la vista de los resultados hasta aquí recogidos y comentados, se concluye que un tratamiento térmico a alta temperatura durante poco tiempo, resulta efectivo para que las nanofibras de carbono entren en la estructura del vidrio, quedando recubiertas y protegidas de la combustión que se produciría durante el tratamiento térmico necesario para la obtención de materiales compuestos de matriz vítrea.

3.4. Obtención y caracterización de los materiales compuestos de matriz vítrea

Para la síntesis de los materiales compuestos de matriz vítrea que presentamos en este trabajo, los pellets correspondientes a las distintas relaciones [NFC/ vidrio] se molturaron en un mortero de ágata, separándose en 4 fracciones, como ya se ha comentado, mediante tamizado. En la obtención de los materiales compuestos, se estudiaron los siguientes parámetros:

- **Influencia de la temperatura.** Se ensayaron temperaturas de 500, 550, 575 y 600°C, para un tamaño de partícula y tiempo de permanencia constates. El tamaño de partícula seleccionado fue el comprendido entre 50-100 micrómetros y el tiempo de permanencia a cada una de estas temperaturas de 1 hora.

- **Influencia del tamaño de partícula.** Se ensayaron los 4 rangos de tamaño (ø < 50 micrómetros, 50 < ø <100 micrómetros, 100 < ø <200 micrómetros y ø > 200 micrómetros) para una temperatura y tiempo de permanencia constantes. La temperatura seleccionada fue de 575°C (en función de los resultados obtenidos en el punto anterior) y el tiempo de permanencia de 1 hora.

- **Posibilidad de obtención de estos materiales compuestos temperaturas mayores y tiempos cortos**, seleccionándose 700°C durante 5 minutos, y 800°C durante 3 minutos, a fin de promover la fusión del vidrio y evitar la posible descomposición de la NFC.

3.4.1. Influencia de la temperatura en la síntesis de materiales compuestos de matriz vítrea

Las pastillas de material compuesto a las 4 temperaturas ensayadas y las 5 concentraciones de NFC se muestran en la figura 3.22.

Los materiales compuestos tratados a 500°C prácticamente son idénticos a las pastillas pellets extraídas del troquel (figura 2.6). Esto indica que la temperatura de de 500°C no es adecuada para la obtención del material compuesto, pues no consigue fundir el vidrio. Tampoco se consiguió una sinterización que compactara las partículas pues se desmoronaban ante pequeños roces durante su manipulación.

A 550°C el vidrio comienza a fundirse a juzgar por la superficie brillante que comienza a visualizarse. También se observa que al aumentar la concentración de nanofibras de carbono, los materiales se hinchan, aumentando su tamaño. Este comportamiento se atribuye a la combustión de la fibra (en el análisis termofiferencial se advierte que la degradación comienza sobre los 500ºC, figura 3.5).

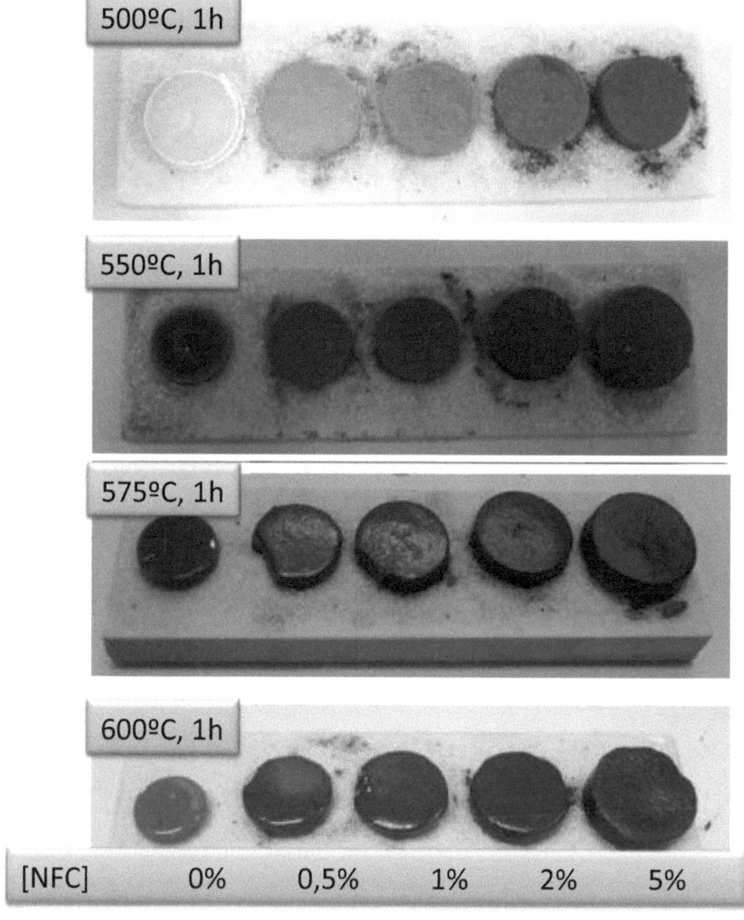

Figura 3.22. Materiales compuestos de matriz vítrea obtenidos a diferentes temperaturas de tratamiento y con diferente contenido en nanofibra de carbono

Se observa un comportamiento similar para los materiales compuestos tratados a 575ºC, si bien se advierte mayor brillo, así como redondeo de los bordes, indicando que la fusión del vidrio en este momento ya es completa.

Todas estas observaciones (brillo, forma y volumen) se ven acrecentadas en los materiales compuestos tratados a 600°C.

A la vista de estos resultados se concluye que la síntesis de los materiales compuestos de matriz vítrea se puede llevar a cabo entre 575 y 600°C.

3.4.2. Influencia de la concentración de nanofibras de carbono

Al advertirse un aumento de volumen de los materiales compuestos con la concentración de nanofibras incorporadas, que seguramente tendrán una influencia decisiva en la densidad de dichos materiales, se determinó la densidad de los mismos mediante el método de Arquímedes, mostrándose en la figura 3.23 los resultados obtenidos.

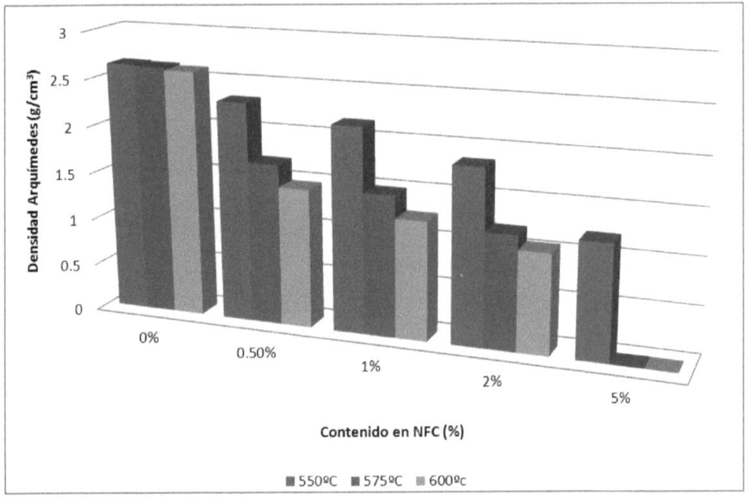

Figura 3.23.- Variación de la densidad de las pastillas en función del contenido en NFC para diferentes temperaturas de tratamiento

Mientras que la densidad del vidrio no se ve afectada por la temperatura de tratamiento, la disminución que se observa en los materiales que contienen incluso pequeñas cantidades de nanofibras de carbono, indican que éstas se queman, generando gases que al expulsarse crean porosidad.

Para la mayor concentración de nanofibras empleada (5%), la densidad a 575 y 600°C, no se pudo medir por el método de Arquímedes, al ser inferior a la unidad, y se calculó por pesada, obteniéndose un valor de 0,8 g/cm³.

Dado que en el apartado 3.4.2 se concluyó que la temperatura más idónea para la síntesis de estos materiales compuestos estaba comprendida entre 575-600°C, será el material obtenido a 575°C, el que se caracterice mediante las técnicas experimentales que a continuación se discuten.

3.4.3. Caracterización de los materiales compuestos mediante espectroscopía Infrarroja

En la figura 3.24 se presentan los espectros infrarrojos de los materiales compuestos preparados con las distintas concentraciones de nanofibras de carbono (0,5, 1, 2 y 5%) y tratadas como se ha comentado a a 575°C. En estos materiales no se observa desplazamiento de la banda de vibraciones de tensión del enlace Si-O (967 cm^{-1}) al aumentar el contenido en NFC, manteniéndose sobre los 910 cm^{-1}, lo que indica que en principio, la red vítrea no se modifica (ver figura 3.16). Tampoco sufre cambios la banda de los grupos SiO$_4$ (a 700 cm^{-1}), por lo que un aumento en la concentración de nanofibras no afecta a la estructura de estos grupos.

En los espectros de los materiales de menor concentración se advierte la existencia de dos bandas a menores frecuencias, situadas a 850 cm^{-1} y a 870 cm^{-1}, que pueden ser atribuidas a la formación de enlaces Si-C, aunque para confirmar esta asignación se deberían hacer otros análisis (DRX, ATD, etc).

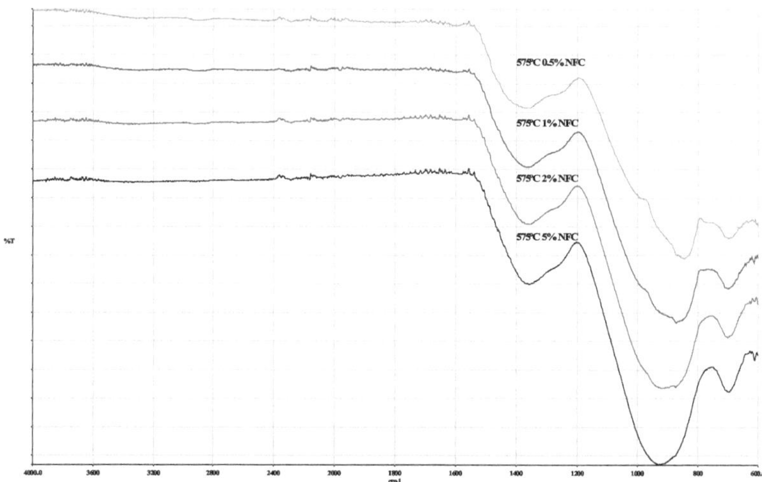

Figura 3.24. Espectros infrarrojos correspondientes a los materiales compuestos obtenidos a 575°C y diferentes concentraciones de NFC.

3.4.4. *Caracterización de los materiales compuestos mediante* espectroscopía Raman.

La espectroscopía Raman se utiliza como técnica complementaria al infrarrojo para conocer el comportamiento de las nanofibras de carbono, pues las bandas D y G siempre están presentes en estructuras grafíticas, incluso para concentraciones pequeñas.

En la figura 3.25 se presentan los espectros Raman correspondientes a los materiales compuestos. Puede observarse como las bandas correspondientes a los grupos D y G situados sobre los 1380 y 1590 cm⁻¹ y atribuidas a las estructuras desordenadas y ordenadas respectivamente, mantienen su posición. Esto indica que la nanofibra de carbono mantiene su estructura cuando está sometida a este tratamiento térmico de 575°C durante 1 hora.

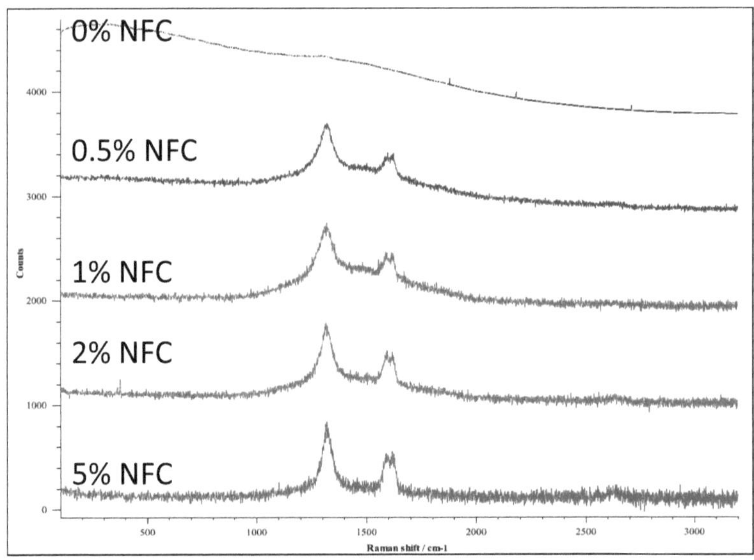

Figura 3.25. Espectros Raman correspondientes a los materiales compuestos obtenidos a 575°C y diferentes concentraciones de NFC.

En la figura 3.26 se muestran los espectros Raman correspondientes a las muestras sintetizadas a diferentes temperaturas pero con el mismo contenido en NFC (5%). Se observa que ambas bandas mantienen su posición, e incluso intensidad, lo que confirma que las nanofibras permanecen dentro de la estructura vítrea.

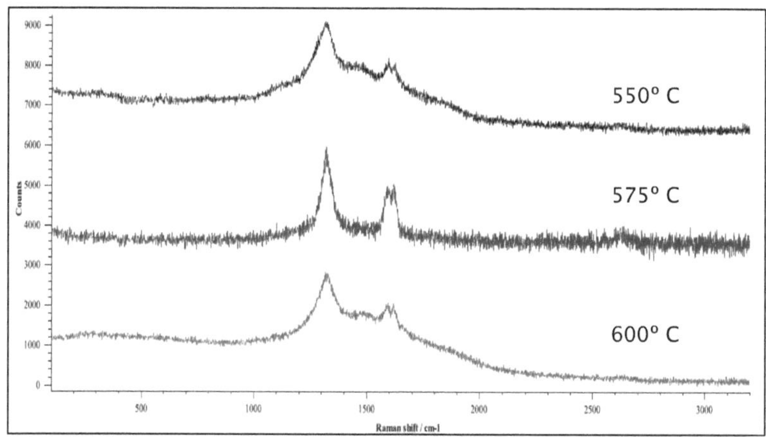

Figura 3.26. Espectros Raman correspondientes a los materiales compuestos obtenidos a diferentes temperaturas y un 5% de NFC.

3.4.5. Caracterización de los materiales compuestos mediante Análisis Termodiferencial y Termogravimétrico

En la figura 3.27 se presenta el termograma del material compuesto obtenido a 600°C y un 5% de NFC. La curva TG presenta una pérdida de peso hasta los 300°C de un 0.4%, casi el doble de la presentada por su pellet homólogo tratado a 1000°C (0,2%). Este incremento en la pérdida en peso se atribuye a pérdida de humedad absorbida, puesto que este material compuesto mostró ser más poroso que los demás. Este aumento de porosidad se determinó experimentalmente a partir de la medida de la densidad obtenida mediante el método de Arquímedes (apartado 3.4.2).

Este material continúa perdiendo peso, hasta pasados los 600°C. Ya que las nanofibras de carbono se degradan en el intervalo comprendido entre 500-650°C, la pérdida en peso que tiene lugar en este rango (0.15%), en el proceso de preparación de este material compuesto, habremos perdido parte de las nanofibras de carbono, pero se mantiene una cantidad importante. Esto apunta que tratar a 600°C durante una hora mejora la estabilidad de las nanofibras.

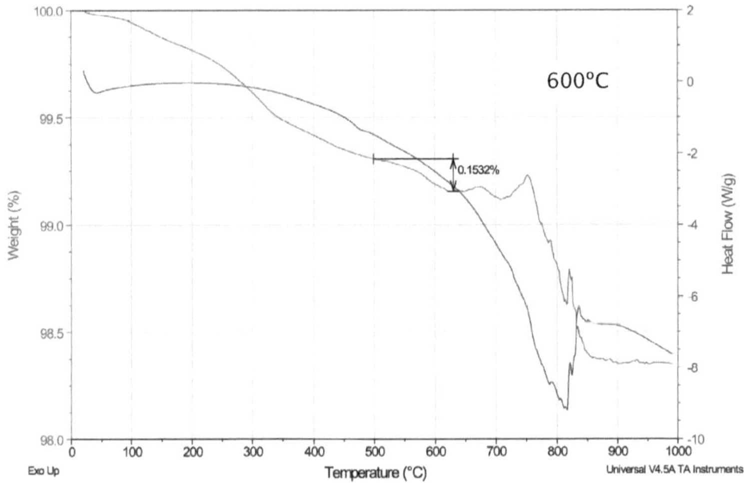

Figura 3.27. Termograma ATD-TG correspondiente al material compuesto de matriz vítrea obtenido a 600°C y 5% de NFC

3.4.6. Caracterización de los materiales compuestos mediante DRX

En la figura 3.28 se presentan los difractogramas de rayos X obtenidos para los materiales compuestos cuyo contenido en NFC eran del 1% y del 5%.

Aunque ambos difractogramas son muy similares al del vidrio, pues sigue apareciendo la amplia banda situada sobre los 27° debida a la estructura vítrea, se esbozan dos picos de pequeña intensidad, sobre los 26° y 42°, que corresponden a los planos de difracción (002) y (100) de la nanofibra de carbono. Nuevamente se comprueba la existencia de NFC en la matriz vítrea del material compuesto obtenido.

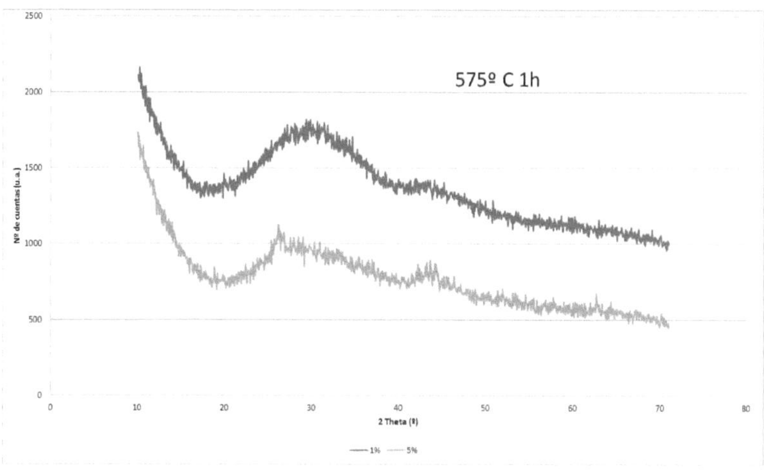

Figura 3.28. Difractogramas de Rayos X correspondientes a las muestras de material compuesto obtenidas a 575°C con contenidos en NFC del 1% y 5%.

3.4.7. Caracterización de los materiales compuestos mediante Microscopía Electrónica de Barrido por Emisión de Campo (FE-SEM)

Mediante microscopía electrónica permite ver con detalle la microestructura de los materiales compuestos. En la figura 3.29 se presentan fotografías MEB del material compuesto obtenido a 575°C y diversas magnificaciones y en la figura 3.30 las fotografías correspondientes al material compuesto obtenido a 600°C, en ambos casos con una concentración de NFC del 5%.

En ambos casos se observan burbujas y oquedades esféricas en todo el material, que aseguran la generación y eliminación de gases durante la síntesis debido a la combustión de las nanofibras de carbono. El mayor tamaño que presentan las burbujas a 600°C, se debe a que el vidrio pierde viscosidad y las burbujas ya formadas se mueven con más facilidad uniéndose para formar otras de mayor tamaño.

La homogeneidad en la distribución de las burbujas más pequeñas (50 micrómetros) aseguran también homogeneidad en la distribución de las nanofibras, concluyéndose que la utilización de pellets de NFC (NFC cubiertas con vidrio) en la síntesis de materiales de materiales compuestos de matriz vítrea, optimiza la dispersión del refuerzo en la matriz.

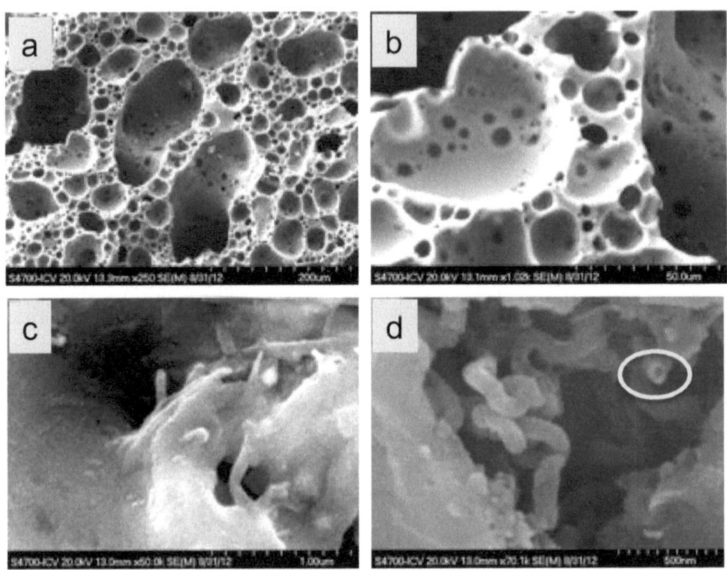

Figura 3.29. Fotografías MEB para el material compuesto obtenido a 575°C y 5% de NFC; (a) 200 micras, (b) 50 micras, (c) 1 micra y (d) 500 nm

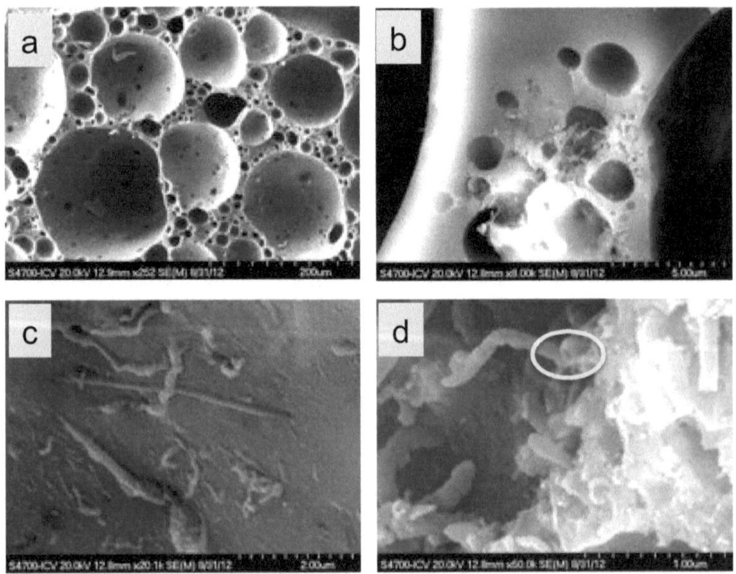

Figura 3.30. Fotografías MEB para la muestra de material compuesto obtenido a 600°C y 5% de NFC, (a) 200 micras, (b) 5 micras, (c) 2 micras y (d) 1 micra

Mayores aumentos permiten observar fibras que han resistido el tratamiento térmico, y permanecen dentro de la matriz, perfectamente unidas a la estructura vítrea (figuras 3.29 c y 3.30 c), y fibras en el interior de un poro parecen no haber sufrido degradación, pues se aprecia su estructura fibrilar, incluso algunos orificios en los extremos de las fibras (figuras 3.29 d y 3.30 d).

Se concluye que algunas NFC, si están protegidas convenientemente, soportan temperaturas iguales a su temperatura de degradación, y que la matriz vítrea ejerce un efecto beneficioso sobre la estabilidad de las NFC.

3.4.8. Caracterización de los materiales compuestos mediante Porosimetría de Mercurio

Mediante esta técnica se seguirá la evolución de la porosidad en función del contenido en NFC. En la figura 3.31 se presentan las distribuciones de poros obtenidas para las diferentes relaciones de NFC utilizadas.

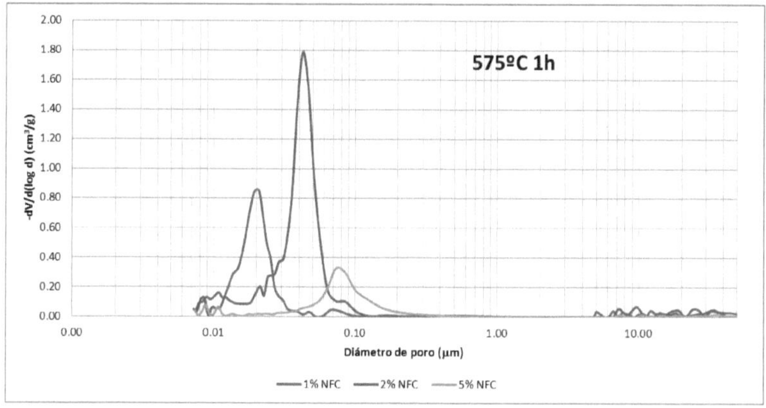

Figura 3.31. Distribución de poros obtenida por porosimetría de mercurio para los materiales compuestos obtenidos a 575ºC y diferentes contenidos en NFC

Para todas las concentraciones se obtienen curvas bimodales, por lo que existen poros de dos tamaños característicos. En la tabla 3.7 se resumen dichos tamaños para cada una de las concentraciones de NFC.

Tabla 3.7. Tamaño de los poros encontrados en los materiales compuestos

[NFC] %	Diámetro de poro (micrómetros)
1	0,014 0,021
2	0,031 0,042
5	0,073 0,125

En la tabla 3.8 se recogen los valores de los parámetros más representativos obtenidos a partir de la porosimetría de mercurio.

Como era de esperar, el volumen de mercurio intruído aumenta con el contenido en NFC, pues a más NFC, más gases generados, más porosidad, y por tanto, mayor volumen de Hg. Consecuencia de esto mismo, es la disminución de la densidad. Se comprueba que la densidad del material compuesto al 5% de NFC tiene una densidad menor que la unidad, como ya se había determinado y comentado en el apartado 3.4.2.

Tabla 3.8. Parámetros obtenidos mediante porosimetría de mercurio

[NFC] %	Unidades	1%	2%	5%
Vol. Hg Intruido	cm^3/g	0.358	0.466	0.555
Densidad	g/cm^3	1.47	1.11	0.94
Sup. Específica	m^2/g	50.66	50.24	10.7
Porosidad	%	52.69	51.81	61.15
Diámetro Poro Medio	μm	0.022	0.042	0.0532

La drástica disminución que muestra la superficie específica en el material compuesto al 5% de NFC se debe a que, al haber más fibra, el volumen de gas creado sea mayor, generando así poros más grandes y de fácil acceso para el mercurio, que entra en ellos sin aplicar presión. Se podría decir que el material se comporta como no poroso.

4. CONCLUSIONES

1. Se ha conseguido fabricar un material compuesto de matriz vítrea formado por nanofibra de carbono y un vidrio de bajo punto de fusión. El método desarrollado fue en dos etapas, lo que permitió que las nanofibras no se degradaran en exceso.

2. La concentración óptima de NFC a incorporar está comprendida entre el 0.5 y 2% de NFC.

3. El tamaño de partícula óptimo que minimice variaciones dimensionales en los materiales compuestos finales está comprendido entre 50 y 200 micrómetros. Tamaños inferiores generan materiales muy porosos, pero partículas demasiado grandes dejan parte del material sin fundir.

4. La incorporación de concentraciones superiores al 2% en peso de NFC, genera una gran porosidad.

5. La temperatura de obtención óptima para la síntesis de los materiales compuestos se estima entre los 575°C y los 600°C.

6. Temperaturas de fusión mayores (700°c y 800°C) permiten también obtener buenos materiales compuestos de matriz vítrea, con una disminución considerable del tiempo de obtención.

7. Existe una relación directa entre las variables *temperatura de síntesis* y *tiempo de permanencia*, con la disminución del contenido en NFC. Se llevarán a cabo análisis posteriores para determinar el contenido final de NFC.

A la vista de los resultados obtenidos en este trabajo, se plantea continuar esta investigación realizando la síntesis de materiales compuestos de matriz vítrea reforzados con nanofibras de carbono (NFC), utilizando flujo de gas inerte (N_2), que consiga evitar la degradación de las NFC y así retener en la matriz vítrea la mayor cantidad de fibras posible.

5. BIBLIOGRAFÍA

- Avouris P. "Carbon nanotube electronics". Chemical Physics **2001**, 281(2-3), 429-45.

- Baker R. T. K." Physics and chemistry of carbon". Vol. 14. P. Walker P. Thrower (Eds.) Dekker **1978**, 83-165.

- Baker R. T. K. Barber M. A. Feates F. S. Harris P. S. White R. J. "Nucleation and growth of carbón deposits from the nickel catalyzed decomposition of acetylene". Journal of Catalysis **1972**, 26(1), 51-62.

- Barret E. Joyner L. Halenda P.P. "The Determination of Pore Volume and Area Distributions in Porous Substances. I. Computations from Nitrogen Isotherms". *J. Amer. Chem. Soc.* **1951,** 73, 373-380.

- Baughman R. H. Zakhidov A. A. de Heer W. A." Carbon nanotubes-The route toward applications". Science **2002,** 297(5582), 787-92.

- Brunuaer S. Deming L.S. Teller E. "On a theory of the Van der Waals Adsorption of Gases" *J. Amer. Chem. Soc.* **1940,** 62, 1723-1732.

- Callister W.D. "Introducción a la ciencia e ingeniería de los materiales". Ed. Reverté. Barcelona **1996**.

- Davis W. R. Slawson R. J. Rigby G. R." An unusual form of carbon. Nature", **1953**, 171(4356), 756-7.

- Debsikdar, J. C. "Thermal evolution of alkoxy-derived glass-like transparent zirconia gel", J. Non-cryst. Sol., **1986**, 87(3), 343-349.

- Dresselhaus M. S. Dresselhaus G. Avouris P. "Carbon nanotubes: synthesis structure properties and applications". Ed. Springer-Verlag. **2001**.

- Faraldos M. y Goberna C. "Técnicas de Análisis y Caracterización de Materiales". Eds. CSIC Madrid **2002**.

- Fernández Navarro J. M. "El Vidrio". Textos Universitarios del Consejo Superior de Investigación Científicas. Fundación Centro Nacional del Vidrio. **1991**.

- Fernández P. S. Castro E. B. Real S. G. Martins M. E." Electrochemical behaviour of single walled carbon nanotubes - Hydrogen storage and hydrogen evolution reaction". International Journal of Hydrogen Energy **2009**, 34(19), 8115-26.

- Figueiredo J. L. Pereira M. F. R. "The role of surface chemistry in catalysis with carbons". Catalysis Today **2010**, 50(1-2), 2-7.

- Geim A. K. Novoselov K. S. 2The rise of graphene. Nature Materials". **2007**, 6(3), 183-91.

- Guo T. Nikolaev P. Thess A. Colbert D.H. Smalley R.E. "Catalytic growth of single-walled nanotubes by laser vaporization". Chemical Physics Letters, **1995,** 243, 59-64.

- Hammer G. P. "Process for producing gaseous position containing hydrogen or hydrogen and carbon oxides". US Patent 3816609 **1974.**

- He Z. B. Maurice J. L. Lee C. S. Gohier A. Pribat D. Legagneux P. Cojocaru C. S. "Etchantinduced shaping of nanoparticle catalysts during chemical vapour growth of carbon nanofibers". Carbon **2011**, 49(2), 435-44.

- Hilder T. A. Hill J. M. "Carbon nanotubes as drug delivery nanocapsules". Current Applied Physics **2008**, 8(3-4), 258-61.

- Hillert M. Lang N. Z. "The structure of graphite filaments. Kristallographie". **1958**, 111(1-6), 24-34.

- Hirsch A. "Functionalization of single-walled carbon nanotubes". Angewandte Chemie International Ed. **2002**, 41(11), 1853-9.

- Hugues T. V. Chambers C. R. "Manufacture of carbon filaments". US Patent 405480 **1889**.

- Iijima S. "Helical microtubules of graphitic carbon". Nature **1991**, 354(6348), 56-8.

- Kang I. Heung Y. Y. Kim J. H. Lee J. W. Gollapudi R. Subramaniam S S. Narasimharevara Hurd D. Kirikera G. R. Shanov V. Schulz M. J. Shi D. Boerio J. . Mall S Ruggles-Wren M."Introduction to carbon nanotube and nanofiber smart materials". Composites B **2006**, 37(6), 382-94.

- Koyama T. "Formation of carbon fibers from benzene". Carbon **1972**, 10(6), 757-8.

- Kroto H. W. Heath J. R. O´Brien S. C. Curl R. F. Smalley R. E. "C60: Buckminsterfullerene". Nature **1985**, 318(6043), 162-3.

- Marbán G. Ania C. "Otra clasificación de materiales carbonosos". Boletín del Grupo Español del Carbón **2008**, 9, 2-16.

- Masuda T. Mukai S. R. Hashimoto K. "The liquid pulse injection technique: A new method to obtein long vapor grown carbon fibers at high growth rates". Carbon **1993**, 31(5), 783-7.

- Merino C. Ruiz G. Soto P. Melgar A. Gobernado I. Villarreal N. Gómez de Salazar.J.M. "Desarrollo de nanofibras de carbono". Parte 2: Posibles aplicaciones y acciones futuras. The International Conference on Carbon (Oviedo España **2003**).

- Miravete A. "Materiales Compuestos". Ed. Antonio Miravete. Zaragoza **2000**.

- Moniruzzaman M. Winey K. Y. "Polymer nanocomposites containing carbon nanotubes". Macromolecules **2006**, 39(16), 5194-205.

- Moodley P. Loos. J. Niemantsverdriet J. W. Thüne P. C. Is there a correlation between catalyst particle size and CNT diameter? Carbon **2009**, 47(8), 2002-13.

- Morales Antigüedad G. "Procesado y caracterización de materiales compuestos de matriz polimérica reforzados con nanofibras de carbono para aplicaciones tecnológicas". Tesis Doctoral Universidad Complutense de Madrid España **2008**.

- Nistal González A. "Tratamientos superficiales de nanaofibras de carbono para su incorporación en materiales compuestos avanzados". Memoria de Doctorado del Departamento de Química-Física de Superficies y Procesos. Instituto de Cerámica y Vidrio (CSIC).Madrid Julio del **2012**.

- Oberlin A. Endo M. Koyama T. "Filamentous growth of carbon through benzene decomposition". Journal of Crystal Growth **1976**, 32(3), 335-49.

- Radushkevich L. V. Lukyanovich V. M. "About the structure of carbon formed by thermal decomposition of carbone monoxide on iron substrate". Zhurnal Fizichoskoi Khimii **1952**, 26, 88 95.

- Rodríguez Gallego M. "La difracción de Rayos X". Ed. Alambra **1982**.

- Serp P. Corrias M. Kalck P. "Carbon nanotubes and nanofibers in catalysis". Applied Catalysis A **2003**, 253(2), 337-58.

- Sherman L. M. "Carbon nanotubes Lots of potencial-if the price is right". Plastics Technology **2007** 53(7), 68-73.

- Sing K.S.W. Everest D.H. Haul R.A.W. Moscou L. Pierotti R.A. Rouquerol J. Siemieniewska T. "Reporting physisoption data for gas/ solid systems with special reference to the determination of surface area and porosity" **1984**.

- Sinnott S. B. Andrews R. Qian D. Rao A. M. Mao Z. Dickey E. C. Derbyshire F. "Model of carbón nanotube growth through chemical vapor deposition". Chemical Physics Letters **1999**, 315(1-2), 25-30.

- Tran P. A. Zhang L. Webster T. J. "Carbon nanofibers and carbon nanotubes in regenerative medicine". Advanced Drug Delivery Reviews **2009**, 61(12), 1097-114.

- Vamvakaki V. Chaniotakis N. A." Carbon nanostructures as transducers in biosensors". Sensors and Actuators B **2007**, 126(1), 193-7.

- Yoon C. M. Long D. Jang S. M. Qiao W. Ling L. Miyawaki J. Rhee C. K. Mochida I. Yoon S. H. "Electrochemical surface oxidation of carbon nanofibers". Carbon **2011**, 49(1), 96-105.

Páginas web:

- www.timesnano.com

Printed by Books on Demand GmbH, Norderstedt / Germany